BEITRÄGE ZUR PAPPELFORSCHUNG

VI

WISSENSCHAFTLICHE ABHANDLUNGEN

Nr. 52

BEITRÄGE ZUR PAPPELFORSCHUNG

VI

Mit 18 Abbildungen und 7 Tabellen

Redaktionskollegium:
J. Blanckmeister, E. Ehwald, H. Günther †,
H.-Fr. Joachim, A. Richter, H. Schönbach

DEUTSCHE AKADEMIE
DER LANDWIRTSCHAFTSWISSENSCHAFTEN ZU BERLIN

AKADEMIE-VERLAG · BERLIN
1961

1961
Herausgegeben von der Deutschen Akademie der Landwirtschaftswissenschaften zu Berlin
Erschienen im Akademie-Verlag GmbH, Berlin W 8, Leipziger Straße 3—4

Lizenznummer 202 · 100/440/61
Gesamtherstellung: VEB Druckerei „Thomas Müntzer" Bad Langensalza
Bestellnummer: 2068/52
Preis: DM 16,50
Printed in Germany
ES 22 L

INHALTSVERZEICHNIS

Beitrag zur Frage der Pappeldüngung auf diluvialen Kippensanden der Niederlausitz

K. FRITZSCHE und Ch. KEMMER

Institut für Forstwissenschaften Tharandt, Zweigstelle Graupa der Deutschen Akademie der Landwirtschaftswissenschaften zu Berlin
Abt. für Pappel und forstliche Sonderkulturen

1. EINLEITUNG

Auf die Bedeutung der Holzart Pappel für die Rekultivierung von nährstoffarmen Niederlausitzer Braunkohlenkippen wurde mehrfach hingewiesen (GÜNTHER 1956, 1958). Die extremen Witterungs- und Bodenverhältnisse (stark austrocknende Winde, intensive Strahlung, starke Erhitzung des Bodens, tiefe pH-Werte, nährstoffarme Sande und Kiese, ungünstiger Wasserhaushalt) auf diesen Flachkippen erfordern naturgemäß besondere Maßnahmen bei der Anlage und Pflege von Pappelkulturen. Günstig wirkt sich die gute Durchlüftung dieser Böden aus, die dem Sauerstoffbedürfnis der Pappel entgegenkommt.

Wie die Versuche von KEMMER und FRITZSCHE (1958) sowie EIBERLE (1957) gezeigt haben, werden von der Pappel Säuregrade von etwa pH 3,5 ab nicht mehr vertragen. Da Kippenböden der Niederlausitz, schüttungsbedingt, zum Teil pH-Werte aufweisen, die in diesen Grenzbereich fallen, ist auf solchen Flächen eine entsprechende Kalkung eine unerläßliche Voraussetzung für den Anbau von Pappeln. Über die Handhabung der Kalkung berichten MAYER-KRAPOLL (1952), GÜNTHER (1956a und b, 1958) und RÜGER (1958). Wie stark die Pappel auf den Reaktionszustand des Bodens reagiert, konnte auch JUNG (1959) nachweisen, der ferner die Bedeutung von Gefäßversuchen für die Forstdüngung hervorhebt, wobei sich die besondere Eignung der Pappel als leicht vegetativ vermehrbare Testpflanze herausgestellt hat.

Um die ausgedehnten Kippenflächen, in deren Böden Sorptionskomplexe, Pflanzennährstoffe und mikrobielle Tätigkeit fast völlig fehlen, wieder in Kultur zu bringen, ist eine chemische und physikalische Verbesserung dieser Kippensande durch Zufuhr organischer und anorganischer Stoffe erforderlich. Eine ausreichende Versorgung dieser Flächen mit organischen Düngemitteln scheitert einmal daran, daß die benötigten Mengen nicht zur Verfügung stehen und zum anderen erhebliche finanzielle Aufwendungen verursachen.

Soweit in der Nähe von Kippenflächen Müll oder Industrieschlacke in größeren Mengen anfallen und im Zuge der Abfallbeseitigung mit geringen Kosten ange-

fahren werden können, sind diese Stoffe durchaus zur Melioration geeignet. Über entsprechende Versuchsergebnisse wird in Kürze von GÜNTHER berichtet. Für die Rekultivierung der in dem Niederlausitzer Braunkohlengebiet häufig anzutreffenden unfruchtbaren Kohlenletten hat sich nach KNABE (1959a, b) auch reine Braunkohlenasche unter Zusatz von Mineraldünger gut bewährt.
Wo diese Möglichkeiten nicht bestehen, kann das erstrebte Ziel auch über eine Mineraldüngung nach vorausgehender Kalkung erreicht werden. In zunehmendem Maße vermindern die aufwachsenden Pappeln die Windgeschwindigkeit in Bodennähe und sorgen für Beschattung. Das abfallende Laub wird nach hergestellter Luftruhe nicht mehr so stark verweht, kann verrotten und trägt zur Humusbildung bei. Damit sind auch die Voraussetzungen für das Entstehen einer Bodenflora gegeben. So führt letztlich auch die Mineraldüngung über die oben angedeuteten komplexen Vorgänge dazu, daß diese produktionslosen Kippenflächen wieder in Kultur genommen werden können. Die Pappel dient hier als wichtige Pionierholzart.
Die vorliegende Arbeit soll zur Klärung der Frage beitragen, in welcher Form eine Mineraldüngung, unter besonderer Berücksichtigung zeitlicher Staffelung, bei Pappeln auf diesen Kippensanden am zweckmäßigsten ist.

2. METHODIK

Da die laufende Beobachtung eines Freilandversuches auf den entlegenen Kippenflächen nicht möglich war, wurde 1958 ein Gefäßversuch in einer stationären Anlage im Großpflanzgarten der Zweigstelle Graupa des Institutes für Forstwissenschaften Tharandt durchgeführt.

2.1 Gefäße

Bei den Gefäßen handelt es sich um lasierte Tonröhren von 30 cm Durchmesser und 50 cm Tiefe, die einen einzementierten Boden besitzen, in dem sich ein Abflußloch von 10 cm Durchmesser befindet. Diese Gefäße sind im Freiland ebenerdig eingesenkt. Sie wurden mit Sand einer Niederlausitzer Braunkohlenkippe gefüllt.

2.2 Pflanzenmaterial

Es wurden 20 cm lange Steckhölzer der 'Robusta'-Pappel (*Pop. euram. cv.* 'robusta') verwendet. In jedes Gefäß kamen zwei Stecklinge. Eine Variante umfaßte 20 Pflanzen.

2.3 Versuchsdauer

Infolge ungünstiger Witterungsbedingungen konnten die Stecklinge erst Mitte Mai ausgesteckt werden. Der Abschluß des Versuches erfolgte, mit Beendigung der Vegetationszeit, Ende September.

2.4 Düngung der einzelnen Varianten

Die jeweiligen Startdüngergaben wurden einen Tag vor dem Ausstecken einem den Tonröhren entnommenen Bodenaushub von 20 × 20 × 20 cm beigemengt. Die noch zu düngenden Mengen wurden aufgestreut und eingeharkt.

Die nachstehende Tab. 1 enthält eine Übersicht über die 7 Varianten des Versuches.

Tabelle 1

Nr. der Variante	Düngermenge	Zeitpunkt der Düngung	Mittlerer pH-Wert in KCl 10. 6. 58
0	—	—	4,43
1	40 dz/ha CaO	Versuchsbeginn 9. 5. 1958	6,89
2	100 kg/ha Reinstickstoff 100 kg/ha Reinphosphorsäure 200 kg/ha Reinkali 40 dz/ha CaO Verhältnis von N:P:K = 1:1:2	Versuchsbeginn 9. 5. 1958	6,77
3	100 kg/ha Reinstickstoff 100 kg/ha Reinphosphorsäure 200 kg/ha Reinkali 40 dz/ha CaO Verhältnis von N:P:K = 1:1:2	$^1/_3$ NPK Versuchsbeginn 9. 5. 1958 $^2/_3$ NPK am 17. 7. 1958	6,96
4	50 kg/ha Reinstickstoff 100 kg/ha Reinphosphorsäure 100 kg/ha Reinkali 40 dz/ha CaO Verhältnis von N:P:K = 0,5:2:2	Versuchsbeginn 9. 5. 1958	6,99
5	100 kg/ha Reinstickstoff 100 kg/Reinphosphorsäure 200 kg/ha Reinkali 40 dz/ha CaO	PK Versuchsbeginn 9. 5. 1958 N am 10. 6. 1958	7,24
6	—	—	3,33

Die Kalkung erfolgte bei Versuchsbeginn.
Die Varianten 0 und 6 sind Kippensande unterschiedlicher Azidität. Der Stickstoff wurde in Form von Kalkammonsalpeter, die Phosphorsäure als Superphosphat und das Kali als Mg-Kali verabreicht.

2.5 ANGESTELLTE BEOBACHTUNGEN

Die Versuchspflanzen waren den natürlichen Witterungsbedingungen ausgesetzt. Eine zusätzliche Beregnung erfolgte nicht. Die üblichen meteorologischen Daten standen durch eine unmittelbar neben dem Versuchsgelände befindliche Wetterstation zur Verfügung. Zudem waren in 4 Gefäßen Bodenthermometer eingebaut. Zur Einschätzung der Witterungsverhältnisse von Graupa im Vergleich zur

Kortitzmühlenkippe bei Laubusch (Krs. Hoyerswerda), von welcher der Sand für den Gefäßversuch in Graupa stammte, wurden auf letzterer ebenfalls meteorologische Beobachtungen durchgeführt, die sich auf die Ermittelung von Boden temperaturen und der Niederschläge beschränkten.
Eine Bestimmung des pH-Wertes in den Tiefen von 0—20 cm und 20—40 cm erfolgte einmal vor der Düngung und dreimal während des Versuches.
Hinsichtlich des Austriebes der Steckhölzer bestanden zwischen den einzelnen Varianten keine Unterschiede.
In regelmäßigen Abständen erfolgten Höhenmessungen. Bei Abbruch des Versuches wurden Sproßdurchmesser, Wurzel- und Blatttrockengewichte sowie die produzierte Holzmasse (errechnet aus Durchmesser und Höhe) ermittelt.

3. BESPRECHUNG DER VERSUCHSERGEBNISSE

3.1 Meteorologische Daten

Tabelle 2

Gegenüberstellung der Bodentemperaturen und Niederschlagsmengen

Werte: Dekadenmittel in °C bzw. mm

1958 Dekade	7^{00} Uhr				14^{00} Uhr				Niederschl.	
	2 cm Tiefe		20 cm Tiefe		2 cm Tiefe		20 cm Tiefe			
	Gefäß	Kippe	Gefäß	Kippe	Gefäß	Kippe	Gefäß	Kippe	Graupa	Kippe
21. 5.—30. 5.	16,1	13,0	15,3	14,1	26,2	22,5	19,7	17,9	4,6	2,7
31. 5.— 9. 6.	15,0	14,4	14,7	14,9	24,5	24,4	19,5	19,5	2,0	1,1
10. 6.—19. 6.	15,9	14,8	15,7	16,0	28,3	26,9	20,9	21,3	1,1	2,4
20. 6.—29. 6.	15,6	14,3	15,5	14,9	24,1	19,8	18,5	18,0	6,1	4,0
30. 6.— 9. 7.	16,4	16,4	16,3	17,0	23,2	21,8	19,3	19,6	12,3	4,1
10. 7.—19. 7.	19,0	19,6	18,8	19,6	34,0	29,9	24,6	24,1	2,7	2,1
20. 7.—29. 7.	16,3	17,3	16,7	16,8	26,6	22,9	20,9	20,6	1,5	1,0
30. 7.— 8. 8.	17,4	17,8	17,6	18,5	29,3	29,3	22,9	23,6	1,4	2,2
9. 8.—18. 8.	16,6	16,1	17,1	17,6	25,4	22,3	20,9	20,2	1,8	2,1
19. 8.—28. 8.	15,3	15,1	16,5	14,6	25,6	22,5	20,9	18,9	2,1	1,8
29. 8.— 7. 9.	13,4	13,3	15,4	15,3	32,4	28,7	22,0	21,9	·	·
8. 9.—17. 9.	13,2	14,6	14,8	16,1	22,6	21,0	18,0	19,2	1,2	1,2
18. 9.—27. 9.	11,7	12,4	12,9	13,2	17,4	17,6	14,8	15,6	2,0	0,6
Summe:	201,9	199,1	207,3	208,6	339,6	309,6	262,9	260,4	38,8	25,3

Wie aus den Werten in Tabelle 2 hervorgeht, waren die Bodentemperaturen in den Gefäßen in Graupa und auf der Kippe in Laubusch annähernd gleich. Da die Temperaturschwankungen des Bodens bekanntlich nach der Tiefe zu abnehmen, wurden nur die Werte der Tiefen 2 und 20 cm wiedergegeben. Aus arbeitstechnischen Gründen konnte die 21.00 Uhr-Ablesung auf der Kippe nicht durchgeführt werden.
Infolge der verhältnismäßig trockenen Witterung von Mai bis September 1958 fielen in Graupa nur 13,5 mm Niederschlag mehr als auf der Kippe in Laubusch.

Die gewonnenen Versuchsergebnisse lassen sich daher weitestgehend auf die Kippenverhältnisse übertragen, da der Witterungsverlauf dieses Jahres für die Kippe Laubusch und Graupa annähernd gleich war.

3.2 pH-Werte

Wie aus Tab. 1 hervorgeht, wurde Kippensand mit einem mittleren pH-Wert von 4,43 einem Kippensand gegenübergestellt, der mit einem mittleren pH-Wert von 3,33 an der unteren Wuchsgrenze der Pappel liegt (Variante 6). Weiterhin erfolgte bei den Varianten 1—5 eine Kalkung, die den Sand auf einen pH-Wert von etwa 7 brachte. Die Varianten 2—5 erhielten noch die verschiedenen NPK-Düngungen. Die Kontrolle der pH-Werte in den Gefäßen während der Versuchsdauer ergab bei der Variante 0 praktisch keine Veränderung der Werte. Ein geringes Ansteigen der Werte (von pH 3,33 auf pH 3,69) war bei der Variante 6 zu beobachten. Die gekalkten Varianten 1—5 zeigten, durch Auswaschungsvorgänge bedingt, in den oberen Bodentiefen ein Absinken und in den unteren Tiefen einen Anstieg der pH-Werte. Im gesamten Versuchszeitraum sanken die pH-Werte der oberen Tiefe der gekalkten Varianten jedoch in keinem Fall unter 6.

3.3 Kalkung

Betrachtet man zunächst die Varianten 0 (Kippensand, pH 4,43), 1 (Kippensand + Kalk, pH 6,89) und 6 (Kippensand, pH 3,33), so ist übereinstimmend mit den Versuchen von MAYER-KRAPOLL (1952), GÜNTHER (1956a, 1958) und FRITZSCHE und KEMMER (1958) wiederum die große Bedeutung des Kalkes für die Pappel auf Kippenstandorten zu erkennen. Wie aus den Abbildungen 1—5 hervorgeht, kümmerten die Pflanzen bei einem pH-Wert von 3,33 und starben teilweise ab, da hier die untere Wuchsgrenze für die Pappel in Bezug auf die Azidität erreicht wird. Das Pflanzenprozent[1]) der Variante 6 betrug bei Abschluß des Versuches 30. Bei Variante 0 mit einem Kippensand vom pH-Wert 4,43 war die Wuchsleistung der Pappeln erheblich besser und die Zahl der Ausfälle wesentlich geringer (Pflanzenprozent 80). Wurde dieser Sand durch Kalkung auf einen pH-Wert von 6,89 (Optimum-Bereich) gebracht, so stieg das Pflanzenprozent von 80 auf 95.

Daraus geht hervor, daß die relative Wuchsverbesserung bei der Pappel mit Hilfe einer Kalkung um so größer sein wird, je tiefer der pH-Wert eines Bodens ist. Mit zunehmender Annäherung des pH-Wertes an den Optimum-Bereich der Pappel nimmt die effektive Kalkwirkung laufend ab. Diese Feststellung trifft auch MÜLLER (1955).

Ein Vergleich der Varianten 0 und 1 ergab bei allen ermittelten Meßgrößen höhere Werte für die Variante 1 (reine Kalkung), die Differenzen waren jedoch nur bei der produzierten Holzmasse und dem Sproßdurchmesser gesichert höher (s. Abb. 1 bis 4a). Eine reine Kalkung vermag daher im wesentlichen nur die Grundbedin-

---

[1]) Pflanzenprozent = Verhältnis der bei Versuchsende noch vorhandenen Pflanzen zu der Anzahl der ausgesteckten Pflanzen in Prozent.

Pflanzenhöhen bei Versuchsende

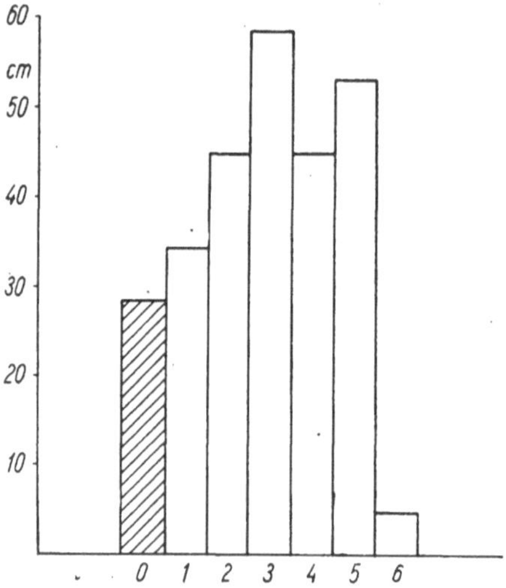

Mittelwerte
Abb. 1a

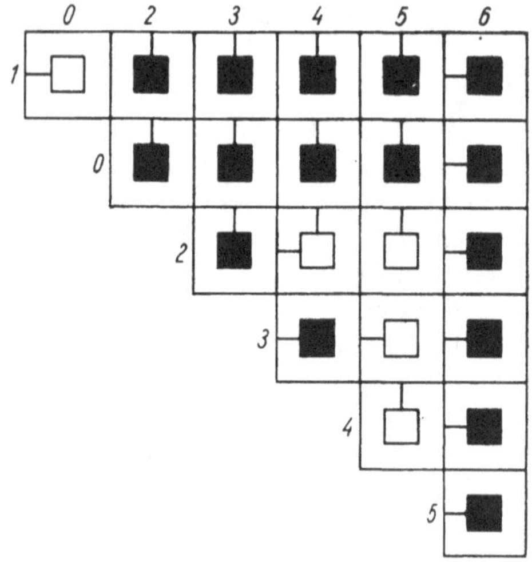

Sicherungen
Abb. 1b

Zeichenerklärung:

0 = Kippensand pH 4,43

1 = reine Kalkung

2 = Volldüngung zu Versuchsbeginn

3 = $^1/_3$ Volldüngung zu Versuchsbeginn
$^2/_3$ Volldüngung ca. 8 Wochen später

4 = Volldüngung zu Versuchsbeginn, anderes NPK-Verhältnis als bei Variante 2

5 = PK zu Versuchsbeginn, N 4 Wochen später

6 = Kippensand pH 3,33

 = Differenz gesichert, Wert der links angegebenen Variante höher

 = Differenz gesichert, Wert der oben angegebenen Variante höher

 = Differenz nicht gesichert, Wert der links angegebenen Variante höher

 = Differenz nicht gesichert, Wert der oben angegebenen Variante höher

 = fast keine bzw. keine Differenz der Werte

Die Zahlen an der graphischen Darstellung und am Schema bezeichnen die einzelnen Varianten.

Sproßdurchmesser

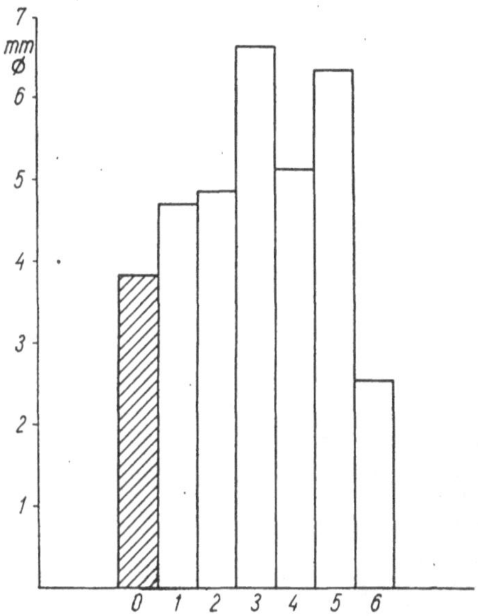

Mittelwerte
Abb. 2a

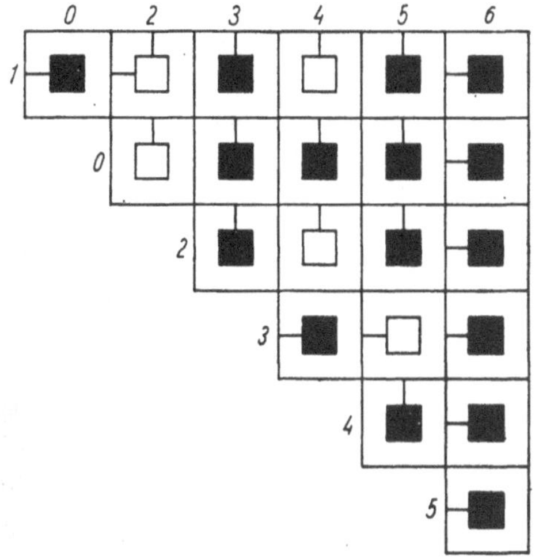

Sicherungen
Abb. 2b

Produzierte Holzmasse

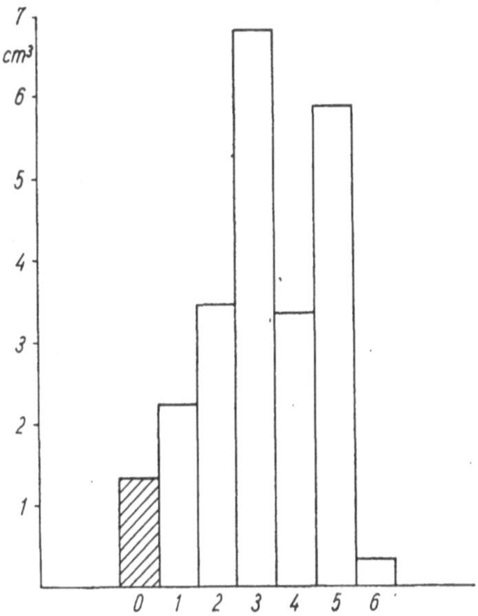

Mittelwerte
Abb. 3a

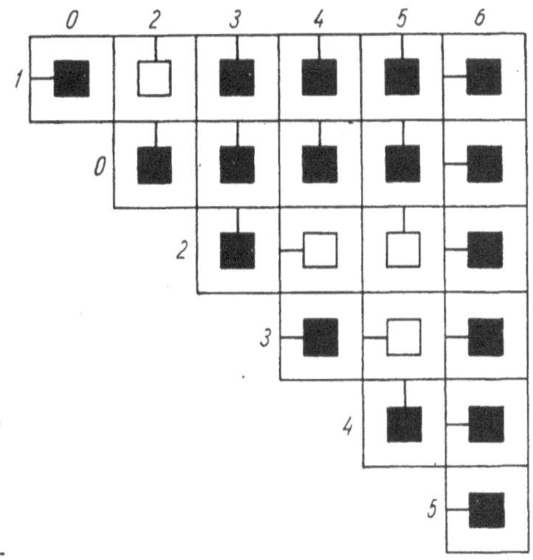

Sicherungen
Abb. 3b

Zeichenerklärung: siehe bei Abb. 1

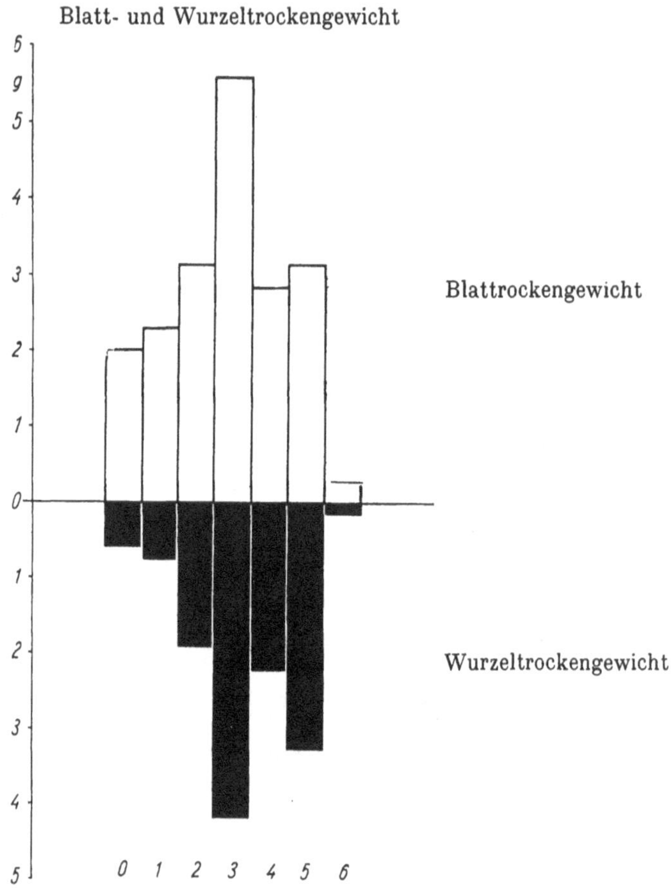

Mittelwerte
Abb. 4a

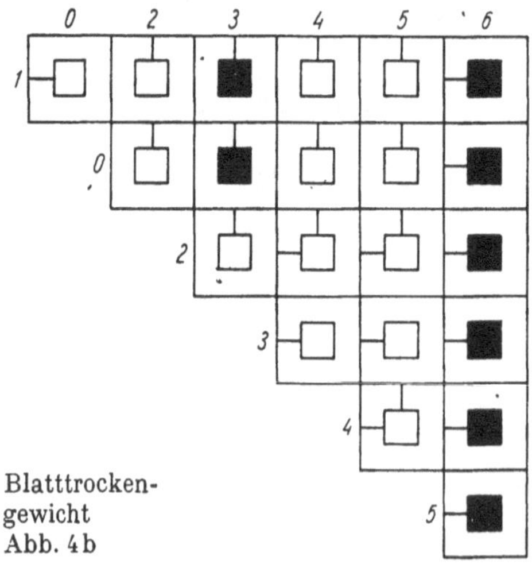

Blatttrocken-
gewicht
Abb. 4b

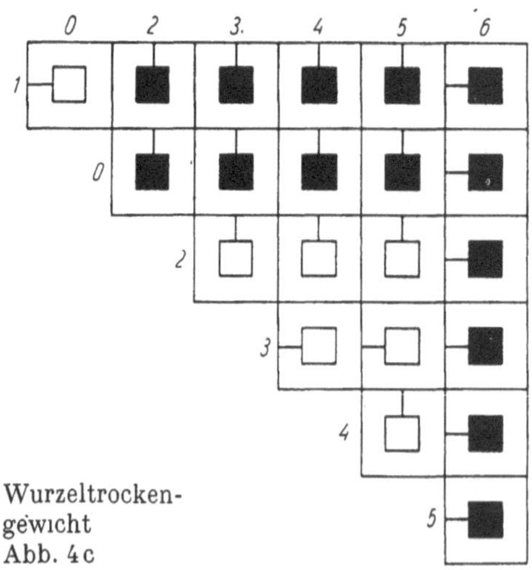

Wurzeltrocken-
gewicht
Abb. 4c

Sicherungen

Zeichenerklärung: siehe bei Abb. 1

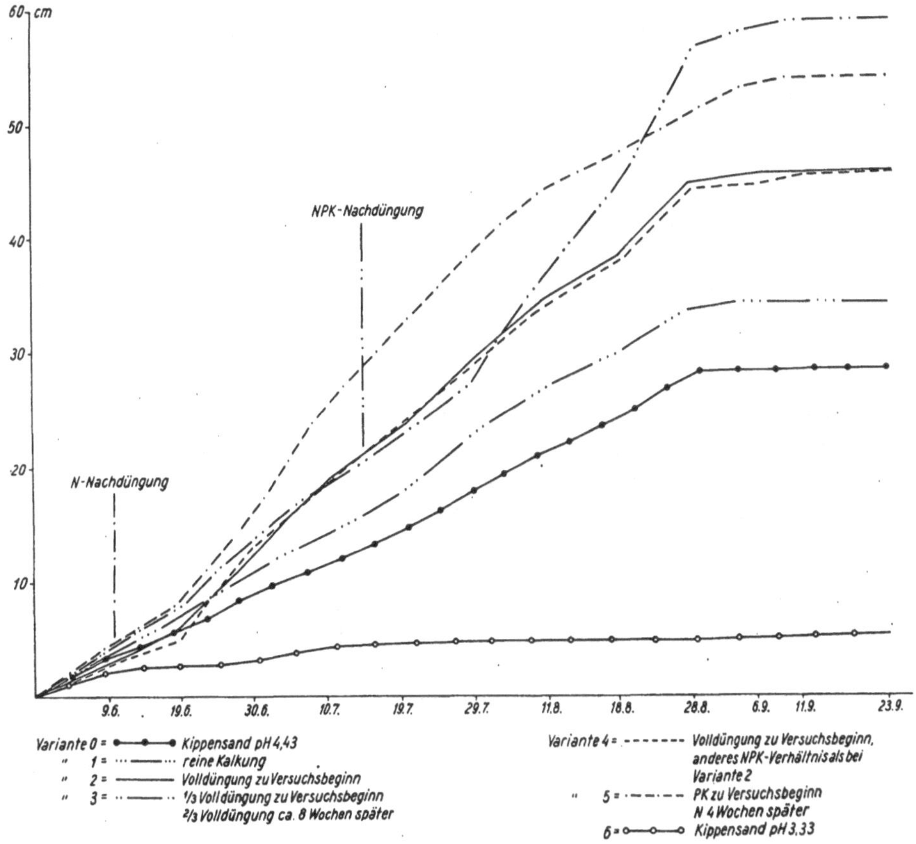

Abb. 5

gungen für das Gedeihen der Pappel günstig zu beeinflussen. Die Wuchsleistung selbst wird zwar im Vergleich zu 0 gefördert (größere Holzproduktion); um eine größere und nachhaltigere Wuchssteigerung zu erzielen, macht sich jedoch auf diesen nährstoffarmen Kippensanden eine zusätzliche Volldüngung erforderlich. Auf das hohe Nährstoffbedürfnis der Pappel weisen u. a. auch HILF (1947), GÜNTHER (1958), RÜGER (1958) und JUNG (1959) hin.

3.4 NPK-Düngung

Ein 1957 durchgeführter Nährlösungsversuch (2) mit unterschiedlichen Nährstoffkonzentrationen und pH-Werten hatte gezeigt, daß die Pappel — besonders im Jugendstadium — salzempfindlich ist. Salzkonzentrationen, die von anderen Pflanzen in diesem Stadium noch vertragen werden, können bei der Pappel bereits zu Schädigungen führen.

Dem steht ihr insgesamt hohes Nährstoffbedürfnis gegenüber. Um diesen Verhältnissen Rechnung zu tragen, erscheinen besondere Maßnahmen bei der Pappeldüngung zweckmäßig.

In diesem Zusammenhang interessierte daher die Wirkung zeitlich gestaffelter Volldüngung, Düngung mit unterschiedlichem NPK-Verhältnis und N-Nachdüngung bei PK-Grunddüngung. Aus Tab. 1 sind die bei den einzelnen Varianten vorgenommenen Staffelungen ersichtlich. Durch eine einheitliche Kalkung wurde der pH-Wert der Düngervarianten auf einen annähernd gleichen, für die Pappel günstigen, Stand gebracht.

Zunächst ist festzustellen, daß — wie zu erwarten — sämtliche Düngervarianten (2 bis 5) dem ungedüngten Kippensand mit pH 4,43 und der reinen Kalkung (Variante 1) überlegen waren. Bei den Pflanzen der Varianten 0 und 1 war der Nährstoffmangel deutlich an dem hellgrünen Laub zu erkennen, im Gegensatz zu den dunkelgrünen Blättern der gedüngten Varianten.

Am günstigsten wirkte sich die Düngervariante 3 aus, bei der $^1/_3$ der Gesamtdünger menge zum Zeitpunkt des Aussteckens am 9. 5. und $^2/_3$ am 17. 7. verabreicht wurde. Die an sich etwas späte 2. Düngergabe beeinträchtigte, wie aus Abb. 5 hervorgeht, den normalen Vegetationsabschluß dieser Pflanzen nicht. Dies zeigt, daß man die Hauptdüngermenge möglichst kurz vor Beginn der Periode des größten Zuwachses (bei 1-jähr. Pflanzen etwa Mitte bis Ende Juni) verabreichen sollte. Zu dem Einwand, den u. a. auch HILF (1951) gegen eine späte Nachdüngung erhebt (Gefahr einer ungenügenden Verholzung), wäre zu bemerken, daß, wie auch dieser Versuch bestätigt, nach MAYER-KRAPOLL (1952) eine durchaus normale Verholzung eintritt, wenn die Nachdüngung nicht in Form einer einseitigen Stickstoffgabe erfolgt. Er hebt die Bedeutung einer N-Nachdüngung Mitte Juni hervor, wenn im Frühjahr eine ausreichende PK-Grunddüngung verabreicht wurde.

Wurde die Gesamtdüngermenge der Variante 3 kurz vor dem Ausstecken der Stecklinge gegeben (Variante 2), so lagen die Wuchsleistungen weit unter denen der oben erwähnten gestaffelten Volldüngung (Variante 3). Die Pflanzen waren hier gegenüber der Variante 3 zum Zeitpunkt der ersten Wurzelbildung einer höheren Salzkonzentration ausgesetzt, wodurch offenbar eine gewisse Schockwirkung hervorgerufen wurde, die sich auf die gesamte Vegetationszeit auswirkte, indem die Pflanzen im Vergleich zu den Varianten 3 und 5 eine geringere Wuchsfreudigkeit zeigten (s. Abb. 1—5).

Eine Veränderung des NPK-Verhältnisses von 1:1:2 bei Variante 2 auf 0,5:2:2 bei Variante 4 führte zu dem gleichen Ergebnis (s. Abb. 1—5). Weitere NPK-Verhältnisse konnten leider im Rahmen dieses Versuches nicht geprüft werden.

Wurden zum Ausstecken nur P und K verabreicht und mit Stickstoff erst vier Wochen später gedüngt (Variante 5), so war der Wuchs dieser Pflanzen vom Zeitpunkt der Stickstoffdüngung an allen übrigen Varianten zunächst überlegen (s. Abb. 5).

Ab Mitte August wurden sie jedoch durch das bei Variante 3 nach der $^2/_3$-NPK-Düngergabe einsetzende starke Wachstum übertroffen.

Zum besseren Verständnis der weiteren Ausführungen seien in Tab. 3 die Höhenmittelwerte der einzelnen Varianten zum Zeitpunkt der Stickstoffnachdüngung bei Variante 5 (10. 6. 1958) wiedergegeben.

Tabelle 3

Variante		Pflanzenhöhe in cm Mittelwerte am 10. 6. 1958
0	Kippensand, pH 4,43	3,4
1	reine Kalkung	3,8
2	Volldüngung zu Versuchsbeginn 10. 5. 1958	3,7
3	$^1/_3$ Volldüngung zu Versuchsbeginn $^2/_3$ Volldüngung am 17. 7. 1958	4,2
4	Volldüngung zu Versuchsbeginn anderes NPK-Verhältnis als bei 2	2,9
5	PK zu Versuchebeginn N am 10. 6. 1958	4,2

Wenn auch die absoluten Differenzen der Höhen noch verhältnismäßig gering sind, so ist doch der zu diesem Zeitpunkt bei einigen Varianten erreichte Vorsprung ausschlaggebend für die weitere Entwicklung.

Aus dem bereits Gesagten wie auch aus Tab. 3 geht zunächst hervor, daß die Pappel als Steckholz in diesen sorptionsschwachen und nährstoffarmen Kippensanden besonders im Stadium der Wurzelbildung (ersten 4 Wochen) gegen sonst durchaus normale Salzkonzentrationen empfindlich ist, vor allem wenn der Dünger infolge guter Einarbeitung in die oberen 20 cm des Bodens unmittelbar in das Wurzelbereich gelangt ist. Durch die Volldüngergabe zum Zeitpunkt des Aussteckens der Pflanzen (Variante 2) wurde eine deutlich sichtbare Depression hervorgerufen, die sich, wie bereits erwähnt, auch auf die weitere Wuchsleistung auswirkte.

Die durch das andere NPK-Verhältnis etwas geringere Salzkonzentration bei Variante 4 war offensichtlich immer noch zu hoch, denn es trat nur eine ganz unwesentliche Verbesserung der Wuchsleistung ein. Die Gesamtleistung war bei Versuchsende gleich der von Variante 2.

Wurde anfangs nur $^1/_3$ der bei Variante 2 verabreichten Volldüngermenge gegeben (Variante 3), so hatten diese Pflanzen nach 4 Wochen bereits einen sichtbaren Vorsprung gegenüber den bisher besprochenen Varianten 0, 1, 2 und 4. Die Variante 5 zeigt indessen, daß die gleiche Wuchsleistung auch dann erzielt wurde, wenn die Pflanzen in den ersten 4 Wochen gar keine Stickstoffdüngung, dafür aber die volle Menge P und K erhielten.

Somit scheint die Pappel unter diesen Verhältnissen im Stadium der Wurzelbildung im besonderen gegen Stickstoff empfindlich zu sein. Eine mit dem Stecken verabreichte volle Stickstoffmenge (Variante 2) wirkte im Zusammenhang mit der vollen P- und K-Düngung eher wachstumshemmend als fördernd. Auf die gleiche Menge Stickstoff nach 4 Wochen gegeben, sprachen jedoch die Pappeln sehr gut

an. Aus dem Verhalten der Pflanzen bei den Varianten 2—5 ist zu schließen, daß eine mineralische Düngung unbedingt auf ihren jeweiligen Entwicklungszustand abgestimmt sein muß, wenn maximale Wuchsleistungen erreicht werden sollen. Da der Gesamtnährstoffbedarf der Pappel jedoch verhältnismäßig hoch ist, reichen, wie Variante 5 zeigt, eine PK-Düngung zum Zeitpunkt des Aussteckens und eine N-Düngung 4 Wochen danach nicht aus, um die durch eine NPK-Nachdüngung wie bei Variante 3 erzielten Leistungen zu erreichen.
Andererseits genügte offenbar die bei Variante 3 zu Anfang vorgenommene Düngung in Höhe von $^1/_3$ der Gesamtmenge nicht, um bis zur Nachdüngung am 17. 7. maximale Leistungen zu erzielen. Variante 5, die 4 Wochen nach dem Stecken bereits die volle Düngermenge durch die N-Nachdüngung erhalten hatte, wies bis Mitte August noch einen weit besseren Wuchs auf (s. Abb. 5).
Zusammenfassend sind aus diesem Versuch in Bezug auf eine Mineraldüngung bei Pappelsteckholzkulturen auf Niederlausitzer Kippensanden folgende Schlüsse zu ziehen:

1. Eine Stickstoffdüngung, zumindest in Form eines rasch wirkenden N-Düngers, ist zum Zeitpunkt des Aussteckens nicht erforderlich. Wenn etwas Stickstoff gegeben werden soll, dann nicht mehr als 30 kg/ha Reinstickstoff. Die Phosphorsäure- und die Kaligabe kann in voller Höhe verabreicht werden, jedoch ist es vorteilhaft, den Dünger tief einzuarbeiten (wenigstens 20 cm). Die im Boden schwer bewegliche Phosphorsäure gelangt so unmittelbar in den Wurzelbereich des Stecklings.

2. Eine Stickstoffdüngung ist zweckmäßigerweise erst ca. 4 Wochen nach dem Ausstecken vorzunehmen. 100 kg Reinstickstoff/ha führen im Zusammenhang mit einer zum Zeitpunkt des Steckens vorgenommenen PK-Düngung zu guten Wuchsleistungen. Um die Pflanzen jedoch zu noch besseren Leistungen zu bringen, empfiehlt es sich, zu einem späteren Zeitpunkt (ca. 8 Wochen nach dem Stecken) eine nochmalige Düngung, und zwar mit NPK in Höhe von ca. 50 kg/ha Reinstickstoff, 50 kg/ha Reinphosphorsäure und 100 kg/ha Reinkali durchzuführen. Bei der Nachdüngung ist es ratsam, die Phosphorsäure in Form von Superphosphat zu verabreichen.

Betriebswirtschaftlich bedeutet ein solches, nur im ersten Jahr erforderliches Vorgehen, einen verhältnismäßig hohen Arbeitsaufwand, der jedoch bei der Rekultivierung derartiger Kippenflächen gerechtfertigt ist, zumal die Verwendung von Pappelsteckhölzern nach GÜNTHER (1956a) ein außerordentlich billiges Aufforstungsverfahren darstellt.

4. GEGENÜBERSTELLUNG VERSCHIEDENER AUSWERTUNGSMÖGLICHKEITEN

Abschließend wurde versucht, die Aussagekraft der einzelnen Meßgrößen zu prüfen, um sich bei der Auswertung ähnlicher Versuche auf eine von ihnen beschränken zu können.

Hinsichtlich der zwischen den einzelnen Versuchsvarianten aufgetretenen Unterschiede bei den ermittelten Höhen, Sproßdurchmessern, produzierten Holzmassen sowie Trockengewichten der Blätter und Wurzeln ergibt sich bei der Auswertung stets das gleiche Bild.

Tabelle 4

	von 21 möglichen Sicherungen gesichert
1. Höhen	16
2. Sproßdurchmesser	16
3. Produzierte Holzmasse (errechnet aus Höhe und Sproßdurchmesser)	17
4. Wurzeltrockengewichte	15
5. Blatttrockengewichte	8

Die geringere Anzahl gesicherter Differenzen bei den Blatttrockengewichten (s. Tab. 4) erklärt sich aus den Verlusten an Blattmasse durch unkontrollierbaren Abfall. Dem gegenüber ließ sich die gebildete Wurzelmasse in den Gefäßen exakter erfassen.

Die Auswertung eines solchen Versuches kann daher ohne weiteres nach einer der in Tab. 4 unter 1—4 angeführten Meßgrößen erfolgen.
Die geringste Arbeit erfordern dabei die Messungen der Höhen und Sproßdurchmesser. Die Ermittlung der produzierten Holzmassen und der Wurzeltrockengewichte ist mit weit höherem Arbeitsaufwand verbunden und kann nach den aufgestellten Beobachtungen entfallen, da diese Meßgrößen nur zur Ergänzung dienen.

ZUSAMMENFASSUNG

1. Eine Aufkalkung des Kippensandes bei tiefen pH-Werten ist für den Pappelanbau unerläßlich. Bei pH-Werten, die bereits nahe an dem für die Pappel optimalen Bereich liegen, ist die durch eine Kalkung zu erzielende Wuchsverbesserung relativ gering. Für die Erzielung maximaler Wuchsleistungen ist außer der Kalkung eine NPK-Düngung unbedingt erforderlich.

2. Die Versuchsergebnisse lassen darauf schließen, daß eine mittlere PK-Startdüngung mit späterer N- und NPK-Nachdüngung zu besseren Erfolgen führt, als die gleiche Gesamtdüngermenge z. Zt. des Aussteckens verabreicht. Empfindlich ist die Pappel vor allem im Stadium der ersten Wurzelbildung und da wiederum besonders gegenüber Stickstoff. Nach 4 Wochen waren die Pflanzen soweit entwickelt, daß Stickstoffgaben bzw. höhere Salzkonzentrationen eine günstige Wirkung hatten.

3. Ein Vergleich der für die Auswertung des Versuches herangezogenen Meßgrößen: Pflanzenhöhe, Sproßdurchmesser, produzierte Holzmasse und Blatt-

und Wurzeltrockengewichte hinsichtlich ihrer Aussagekraft ergibt, daß die einfach zu ermittelnden Pflanzenhöhen und Sproßdurchmesser eine ausreichende Beurteilung eines solchen Gefäßversuches mit Kippensand in Bezug auf die Wuchsleistung der Pappel gestatten.

РЕЗЮМЕ

1. В условиях низких показтаелей pH известкование песков на отвалах является необходимостью. При показателях pH, блисзких к оптимальным для тополя пределам, получаемое при помощи известкования улучшение роста сравнительно незначительное. для того, чтобы добиться максимальных показателей роста, кроме известкования требуется еще внесение полного минерального удобрения (ИРК).

2. Результаты опытов позволяют вывод, что исходная, средняя дача РК с последующим дополнительным внесением Нили ИРК имеет большую эффекдивность, чем внесение того же количества удобрения во время посадки. Тополь чувствителен преждр всего в стадии первого образоевания корней, в частности к азоту. По истечении 4 недель растения были настолько развиты, что дачи азота или более высокие концентрации солей оказывали положительное влияниве.

3. Сравнение измерительных величин, привлеченных к обообщающей оценке опыта как, высота растений, диаметр побега, произведенная масса древесины, сухой вес листьев и корней, показывает, что высота растений и диаметр побегов, измеряемые простым способом, допускают достаточную такого вегетационного опыта с песками на отвалах в отношении эффективности роста тополя.

SUMMARY

1. For the cultivation of poplars waste-heap sands with low pH-values should in any case be enriched with lime. With pH-values approaching the optimum for poplars, the growth improvement to be obtained by lime enrichment is relatively unimportant. In addition to liming an application of NPK is absolutely necessary for maximum growth increments.

2. The results of experiment indicate that a medium initial PK-application with a later N and NPK-application leads to better successes than the same total fertilizer amount at the time of planting. The poplar is very susceptible in the stage of the first root formation, particularly to nitrogen. After 4 weeks the plants had developed so that nitrogenous applications respectively high salt concentrations exhibited a favourable effect.

3. A comparison of the measured values used for evaluating the experiment (plant height, shoot diameter, volume of wood produced, dry weight of leaves and roots) shows that the plant heights and shoot diameters easily to be determined permit an adequate judgement of such a pot experiment with waste-heap sands concerning the growth increment of poplars.

LITERATURVERZEICHNIS

[1] EIBERLE, H. (1957): Untersuchungen über den Einfluß der pH-Reaktion auf das Austreiben und die Bewurzelung von Pappelstecklingen verschiedener Klone. Schweiz. Zeitschr. Forstwesen, **108**, S. 215—257.

[2] FRITZSCHE, K. u. KEMMER, CHR. (1958): Über den Einfluß von Kalk auf Wachstum und Entwicklung von Pappelstecklingen unter besonderer Berücksichtigung des pH-Wertes. Wiss. Abhandlungen der DAL zu Berlin. Nr. 40 Beiträge zur Pappelforschung. Mitt. a. d. Arbeit des Pappelforschungskollektivs, H. III.

[3] GÜNTHER, H. (1956a): Untersuchungen über die Verwendung von Pappelstecklingen zur Kippenrekultivierung in der Niederlausitz. Wiss. Abhandlungen Nr. 16, Beiträge zur Pappelforschung Nr. 1, Mitt. a. d. Arbeit des Pappelforschungskollektivs DAL Berlin 1956, S. 51—70.

[4] GÜNTHER, H. (1956b): Leitfaden für den Pappelanbau. Berlin 1956: Deutscher Bauernverlag.

[5] GÜNTHER, H. (1958): Meliorierung nährstoffarmer Braunkohlenkippen in der Niederlausitz. Sonderheft Waldbodenmelioration II, Forst und Jagd, S. 34—40.

[6] HILF, B. (1947): Zur Düngung der Pappeln. Das Pappeljahrbuch, S. 55—64. Hannover 1947: Verlag Schaper.

[7] HILF, H. H. (1951): Weiserpflanzen für den Forstkulturbetrieb. Forstarchiv 22. Jahrg., S. 43—50.

[8] JUNG, J. (1959): Agrikulturchemie und Forstpflanzenernährung. Allg. Forstzeitschr., 14. Jahrg., S. 365—369.

[9] KNABE, W. (1959a): Zur Wiederurbarmachung im Braunkohlenbergbau. Berlin 1959: VEB Deutscher Verlag der Wissenschaften.

[10] KNABE, H. (1959b): Vorläufige Richtlinien für die Bepflanzung und Melioration forstlicher Kippenstandorte in der Niederlausitz. Forst und Jagd, 9. Jahrg., S. 229—234.

[11] RÜGER, (1958): Kalkungsversuche an Pappeln. Der Forst- und Holzwirt. 13. Jahrg., S. 298—299.

[12] MAYER-KRAPOLL, H. (1952): Die Düngung der Pappel. Pappelwirtschaft, H. 3, S. 34—47. Selbstverlag Deutscher Pappelverein.

[13] MÜLLER, R. (1955): Pflanztiefe und Startdüngung. Brühler Pappelvorträge S. 34—43. Hannover 1955: Verlag Schaper.

Über den Einfluß unterschiedlicher Ernährungsbedingungen und Aziditätsgrade auf die Variabilität einiger morphologischer Merkmale an einjährigen Pappelpflanzen

CH. KEMMER und K. FRITZSCHE

Institut für Forstwissenschaften Tharandt, Zweigstelle Graupa der Deutschen Akademie der Landwirtschaftswissenschaften zu Berlin
Abt. für Pappel und forstliche Sonderkulturen

1. EINLEITUNG

Im Rahmen des Pappelanbauprogramms macht sich unter anderem eine Bereinigung der bisher vermehrten Sorten erforderlich. Die hierfür notwendigen Grundlagen wurden von MÜLLER (1957a und b, 1958) und SAUER (1958) erarbeitet. Der auf einer Vielzahl von Beobachtungen und Messungen beruhende, kurzgefaßte Bestimmungsschlüssel ist nach Angabe der Autoren jedoch nur für 1- bis 2-jährige, nicht zu mastige oder schwächliche Baumschulpflanzen anzuwenden.

Wie bekannt ist, neigt aber die Pappel in besonderem Maße dazu, je nach Standort, im Habitus und in der Blattausbildung, selbst innerhalb reiner Arten, verschiedene „Typen" auszubilden. Diese Tatsache wurde von den oben angeführten Autoren insofern berücksichtigt, als sie in den Bestimmungsschlüssel nur solche Merkmale aufnahmen, die sich gegen Außenfaktoren als verhältnismäßig konstant erwiesen.

Ohne Zweifel wird man aber außer dem kurzgefaßten Bestimmungsschlüssel auch die von MÜLLER gegebenen eingehenden Sortenbeschreibungen für die Determination mit heranziehen müssen. Die hier noch beschriebenen weiteren Merkmale dürften jedoch stärker der Beeinflussung durch Außenfaktoren unterliegen. Andererseits wird es in Zweifelsfällen nicht möglich sein, auf diese Merkmale zu verzichten. Da jedoch die Boden-, Aziditäts- und Nährstoffverhältnisse innerhalb einer Baumschule, wie von Betrieb zu Betrieb, erheblichen Schwankungen unterworfen sein dürften, wurde versucht, die Sortenbestimmung mit Hilfe von Nährlösungskulturen im Gewächshaus durchzuführen. Unter diesen Bedingungen lassen sich die Nährstoffverhältnisse und der pH-Wert konstant halten, die Klimafaktoren regulieren und die Pflanzen in kürzerer Zeit als im Freiland zu einer Untersuchung heranziehen.

Durch bewußte Veränderung des Ernährungsfaktors sowie des pH-Wertes sollte gleichzeitig untersucht werden, in welchem Maße Chemomorphosen einiger Merkmale, die bei einem 1957 durchgeführten Nährlösungsversuch (FRITZSCHE und KEMMER [1958]) an einem 'Robusta'-Klon beobachtet wurden, auch bei anderen Pappelklonen auftreten.

Ferner sollte geprüft werden, ob sich auf diese Weise hervorgerufene Morphosen nicht ebenfalls für die Sortenbestimmung heranziehen lassen.

Wenn beispielsweise bei der Trennung von einer Sorte verschiedener Herkunft die betreffenden Pflanzen annähernd übereinstimmen, in einigen Punkten jedoch voneinander abweichen, so könnte mit Hilfe variierter Nährlösungsbedingungen und pH-Werte geprüft werden, ob hier eine gleichsinnige Abänderung morphologischer Merkmale stattfindet oder nicht. Das ähnliche oder ungleiche Verhalten unter verschiedenen Bedingungen kann somit weitere Anhaltspunkte für die Sortenbestimmung geben.

2. METHODIK

Als Gefäße dienten, wie bei dem Nährlösungsversuch von 1957, Glaskästen der Abmessungen 35 × 25 × 22 cm, die jeweils mit 17 l Lösung gefüllt waren. Als Lichtschutz für die Wurzeln sowie als Strahlungsschutz wurden diese Gefäße mit zwei Farbanstrichen, einem schwarzen und einem weißen Anstrich, versehen. Jedes Gefäß erhielt eine Abdeckplatte aus Kunstharz, in der die 20 cm langen Steckhölzer befestigt waren. Folgende Pappelklone und -sorten fanden Verwendung:

Populus euram. cv. 'robusta',	Klon 125	
Populus euram. cv. 'Leipzig',	Klon 250	
Populus euram. cv. 'vernirubens',	Klon 107	
Populus euram. cv. 'bachelieri',	Klon 104	Sektion Aigeiros (Schwarzpappeln)
Populus euram. cv. 'serotina',	Klon 76	
Populus euram. cv. 'gelrica',	Klon 163	
Populus euram. cv. 'regenerata',	Klon 317	
Populus euram. Graupaer Selektion	Klon 155	
Populus nigra		
Populus trichocarpa		Sektion Tacamahaca (Balsampappeln)

Die Aufstellung der Gefäße erfolgte in einem 6 m breiten Gewächshaus, in dem laufend die Temperaturen und die Luftfeuchte ermittelt und je nach Bedarf durch Lüften, Spritzen und Schattieren reguliert wurden.

Da sich bei dem Versuch von 1957 die Nährlösung nach HARTWELL und PEMBER (siehe SCHROPP, 1951) gut bewährt hatte, fand sie auch in diesem Rahmen wieder Verwendung. Die Nährlösung hatte folgende Zusammensetzung:

Originallösung	abgeändert für die calciumfreie Variante
0,246 g $Ca(NO_3)_2$, H_2O frei	0,186 g NH_4NO_3
0,081 g KNO_3	0,081 g KNO_3
0,046 g K_2HPO_4	0,046 g K_2HPO_4
0,006 g $MgSO_4 \cdot 7\,H_2O$	0,006 g $MgSO_4 \cdot 7\,H_2O$
0,005 g $FeCl_3$	0,005 g $FeCl_3$
auffüllen auf 1000 ml mit aqua dest.	auffüllen auf 1000 ml mit aqua dest.

Ferner wurde pro Liter Nährlösung 1 Tropfen nachstehender AZ-Lösung zugesetzt:

0,614 g H_3BO_4	0,055 g $ZnSO_4$
0,500 g $MnSO_4$	0,028 g Li_2CO_3
0,055 g $CuSO_4 \cdot 5\,H_2O$	0,028 g KJ
0,055 g TiO_2	0,005 g $AlCl_3$
0,055 g $NiSO_4$	m. Tr. $SnCl_3$
	Spur Na-Co-(III)-nitrit

Ein Zusatz von Toluol diente zur Haltbarmachung der Nährlösung. Alle Gefäße wurden täglich mit Aquarienpumpen und Kieselgurausströmern belüftet. Die durch die Pflanzen verbrauchten Mengen an Nährlösung wurden laufend ergänzt, so daß während der gesamten Vegetationszeit etwa das gleiche Nährstoffangebot zur Verfügung stand. Jede Sorte wurde mit den folgenden drei Varianten angesetzt:

1. volle Nährlösung, pH 7
2. $^1/_{10}$ der vollen Nährlösungskonzentration, pH 4,5
3. $^1/_{10}$ der vollen Nährlösungskonzentration ohne Kalk, pH 4,5.

Das Einstellen der pH-Werte erfolgte durch Zusatz von n/10 NaOH bzw. 1%iger H_2SO_4 unter Kontrolle elektrometrischer pH-Messungen.
Die Bonitierung der morphologischen Merkmale wurde an jeweils 20 Einzelblättern annähernd gleicher Insertionshöhe der verschiedenen Pflanzen einer Variante mit Hilfe des Binokulars vorgenommen.
Der Versuch lief in der Zeit vom 7. Juni bis 14. August 1958.

3. KONSTANZ UND VARIABILITÄT MORPHOLOGISCHER MERKMALE

In der den Vff. zugänglichen Literatur waren kaum Angaben über die Konstanz bzw. Variabilität morphologischer Merkmale bei höheren Pflanzen zu finden. Eine Reihe von Autoren haben sich mit dieser Frage grundlegend nur bei Bakterien, Pilzen, Moosen und Algen beschäftigt. Bei diesen Pflanzen konnten die mannigfaltigsten morphologischen Abänderungen durch verschiedenartige Umwelteinflüsse beobachtet werden.

Derartige Morphosen treten aber auch, wie bekannt ist, bei höheren Pflanzen auf, nur sind sie hier weniger systematisch erforscht.

RUGE (1951) schreibt zunächst allgemein: „Unter ‚Morphose‘ hätten wir demnach die Gestaltung der Organismen zu verstehen, wie sie sich aus dem Zusammenwirken der genetischen Entwicklungspotenz mit den realisierenden Außenfaktoren ergibt.“ Je nach dem als Hauptursache fungierenden Außenfaktor werden daher unterschieden:

Photomorphose
Hygromorphose
Chemomorphose usw.

Die hervorgerufenen Formänderungen können sehr vielgestaltig sein. Sie äußern sich im Habitus und in besonderen Formen einzelner Pflanzenteile, wie Blätter, Blüten, Wurzeln usw. Dabei kann es bis zur Reduktion dieser Organe kommen. Im Extremfall treten bestimmte morphologische Merkmale, die unter normalen Bedingungen vorhanden sind, nicht mehr auf.
Diese, durch äußere Einflüsse bedingten Morphosen, haben in der Systematik häufig Anlaß zu Verwirrungen gegeben. Teilweise wurden sogar derartig modifizierte Pflanzen als eigene Formen und Varietäten beschrieben.
ULRICH (1953a) konnte auf Grund eigener, wie auch bereits vorhandener Arbeiten feststellen, daß von allen Außenfaktoren die mineralische Ernährung den stärksten Einfluß auf die Variation der Pflanzen ausübt.
Mit dem äußeren Formwandel geht häufig auch eine Veränderung des anatomischen Feinbaues einher, der wiederum das physiologische Verhalten der Pflanzen beeinflußt. So setzt beispielsweise nach WALTER (1945) eine physiologische Alterung von auf trockenen Böden kultivierten Zuckerrüben früher ein, als es auf nassen Standorten der Fall ist. Dies äußert sich auch in einer unterschiedlichen Blattgestaltung.
ULRICH (1953b) wies nach, daß bei schlechter Ernährung die Zellgröße der Blattepidermen zurückgeht. RUGE (1951) gibt Beispiele für höhere Pflanzen an, deren Sproß- und Wurzelformen sich unter dem Einfluß verschiedener Ernährung und Feuchtigkeit änderten.
Aber auch mit Wasserkulturen lassen sich durch unterschiedliche Ernährungsbedingungen Modifikationen im Bereich von Wurzel und Sproß hervorrufen und bis zu den einzelnen Bauelementen verfolgen (CZAPEK 1922, RUGE 1951).
Für den Systematiker, aber auch für den Physiologen dürfte es daher von besonderer Bedeutung sein, die Abhängigkeit der Pflanzenausbildung von Nährstoffangebot und pH-Wert speziell auch für höhere Pflanzen zu überprüfen, die Konstanz morphologischer Merkmale und die Grenzen der Formänderung zu erfassen.
Demnach setzt die Anwendung des für Schwarzpappelhybriden aufgestellten Bestimmungsschlüssels (10) gewisse genormte Bedingungen voraus, da — wie aus der Literatur hervorgeht — vor allem die Nährstoffversorgung die Ausbildung der kennzeichnenden Merkmale beeinflußt. Da weiterhin der Zeitpunkt der Blattentnahme sowie deren Insertionshöhe für das Prüfergebnis von entscheidender Bedeutung sind, erscheint es vom Standpunkt einer möglichst zuverlässigen Arbeitsmethode aus doch als zweckmäßig, derartige Sortenbestimmungen nicht nur im Freiland vorzunehmen, sondern auch mit Hilfe der unter reproduzierbaren Bedingungen durchführbaren Nährlösungsversuche zu ergänzen.

4. BESPRECHUNG DER VERSUCHSERGEBNISSE

Die morphologischen Untersuchungen, welche 1957 an unterschiedlich aufgezogenen 'Robusta'-Pflanzen durchgeführt wurden, hatten ergeben, daß sowohl Nährstoffzufuhr als auch pH-Wert der betreffenden Lösungen auf die Morphologie der Pflanzen einwirkten.

In Abhängigkeit von der jeweiligen Nährlösung änderte sich die Form der Blattbasis vom geraden bis schwach keilförmigen Grund bei voller Nährlösung mit und ohne Calcium und pH-Wert 7 bis zur ausgeprägten Keilbasis bei $^1/_{10}$ der vollen Nährlösungskonzentration mit doppelter und vierfacher Calciummenge und pH-Wert 4,5 (s. Abb. 1).

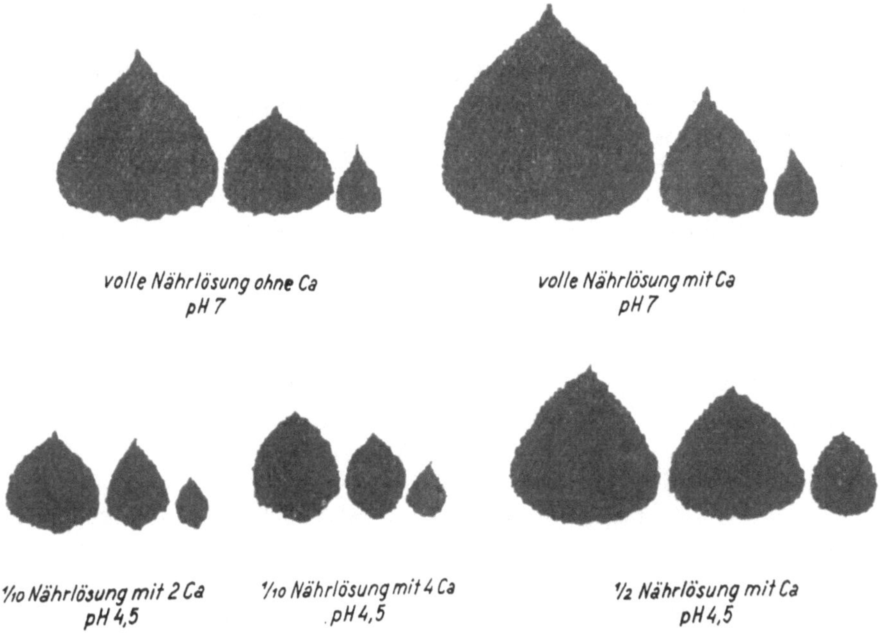

Abb. 1. Typische Blattformen bei unterschiedlichen Anzuchtbedingungen
Populus euram. cv. 'robusta'

An der Stielansatzstelle waren die Blätter der Varianten mit ausreichender Nährstoffversorgung etwas „eingezogen", unter ungünstigen Bedingungen ließ sich diese Tendenz nicht mehr erkennen.

Schon SAUER (1958) weist in seinem Bestimmungsschlüssel darauf hin, daß gerade die Blattbasis, die als kennzeichnendes Merkmal mit herangezogen wird, in erster Linie von der Vitalität der Pflanze abhängig ist. Morphologische Veränderungen waren bei dem o. a. Versuch jedoch auch bei Blattmerkmalen aufgetreten, die ohne optische Hilfsmittel nicht erkennbar sind. Mit vermindertem Nährstoffangebot und für die Pappel ungünstigen pH-Werten wurde die Ausbildung von Blattstiel-, Blattrandbehaarung und Blattdrüsen stark reduziert. Bei Blattstielquerschnitten zeigte sich mit verschlechterten Ernährungsbedingungen eine Verringerung der ursprünglich angelegten drei Gefäßbündel auf zwei bzw. wurde das dritte Leitbündel nur unvollständig ausgebildet. Ferner wiesen die Blätter der Varianten mit $^1/_{10}$ der Nährstoffkonzentration und einem pH-Wert von 4,5 ein wesentlich dichteres Adernetz auf als unter normalen Bedingungen. Offenbar wird die Ausbildung des Adernetzes durch die Ernährungsverhältnisse beeinflußt, da bereits eine Erhöhung des Nährstoffangebotes von $^1/_{10}$ auf $^1/_2$ der vollen Menge zu einer Vergrößerung der Aderinseln führte (2). Nach GESSNER (1956) wird die Dichte des Adernetzes stark durch den Faktor Wasser beeinflußt, Landpflanzen weisen daher ein engeres Gefäßnetz auf als Wasserpflanzen.

Da unter den Bedingungen des Nährlösungsversuches theoretisch kein Wassermangel auftreten kann, ist zu vermuten, daß die Verengung des Adernetzes in diesem Fall entweder durch den Nährstoffmangel oder sekundär durch Wassermangel als Folge der anatomischen Veränderungen und physiologischen Vorgänge bedingt ist, die durch den Nährstoffmangel ausgelöst wurden.

Nach MARCET (1953) lassen sich an Hand von Wasserkulturen Aussagen über das ökologische Verhalten von Pappelsorten machen. Er benutzte diese mit Handelssalzen angesetzten Versuche zur Beobachtung des Austriebs und des Wurzelwachstums.

Entsprechend dem Verhalten der Pflanzen stellte er eine Rangordnung auf, die nicht nur ökologisch von Interesse ist, sondern auch für die Inventarisierung der vorhandenen Pappelsorten gute Dienste leisten kann. Durch einen Vergleich neuer und wenig bekannter Sorten mit bereits voruntersuchten Testklonen könnte eine derartige Skala laufend ergänzt werden.

In ähnlicher Weise erfolgte zunächst bei dem vorliegenden Versuch an Hand von Höhenmessungen, Ermittlung der Sproßdurchmesser, Blatt- und Wurzeltrockengewichte sowie der produzierten Holzmasse ein Vergleich der Leistungen der 8 Pappelsorten und 2 reinen -arten. Darauf wurde überprüft, ob sich die Pappelsorten des Versuches, die in der von SAUER (1958) herausgegebenen Bestimmungstabelle enthalten waren, auch unter den optimalen Bedingungen der Nährlösungskultur bereits nach 9 Wochen Kulturzeit bestimmen ließen. Es machte sich jedoch erforderlich, die von MÜLLER (1957b, ferner Angaben bei SAUER 1958) gegebenen ausführlichen Sortenbeschreibungen hinzuzuziehen, wobei sich ergab, daß die Anwendung dieser Beschreibungen in Bezug auf einzelne morphologische Merkmale bei den Nährlösungspflanzen besser möglich war als unter Freilandbedingungen, wo der Einfluß des Standortes hinzukommt.

Um die einzelnen Klone noch besser beurteilen zu können, wurden daher außer einer Variante mit voller Nährlösung und pH 7 noch zwei weitere mit stark reduzierter Nährstoffkonzentration und einem pH-Wert von 4,5 angesetzt, wobei die letzten beiden Versuchsglieder besonders zur Auslösung von Morphosen dienen sollten.

Bei einer Gegenüberstellung der erreichten Endhöhen wird — wie zu erwarten — sichtbar, daß zunächst alle Klone auf einen erheblichen Nährstoffentzug bei gleichzeitig ungünstigeren Aziditätsverhältnissen mit einer Wuchsminderung reagieren (Abb. 2).

Durch Fehlen von Calcium wird das Absinken der Gesamtleistung noch verstärkt, zwischen den einzelnen Klonen treten hier kaum noch Unterschiede auf. Bei

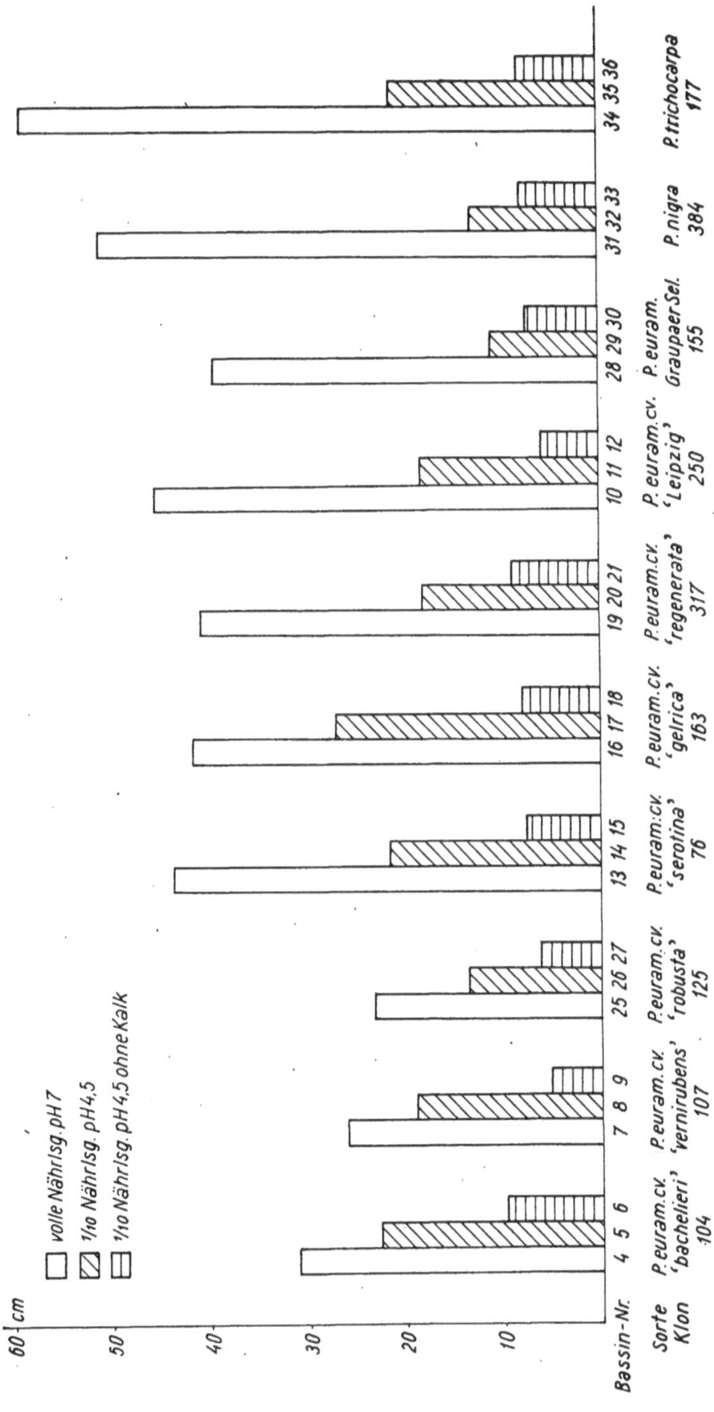

Abb. 2. Endhöhen Mittelwerte

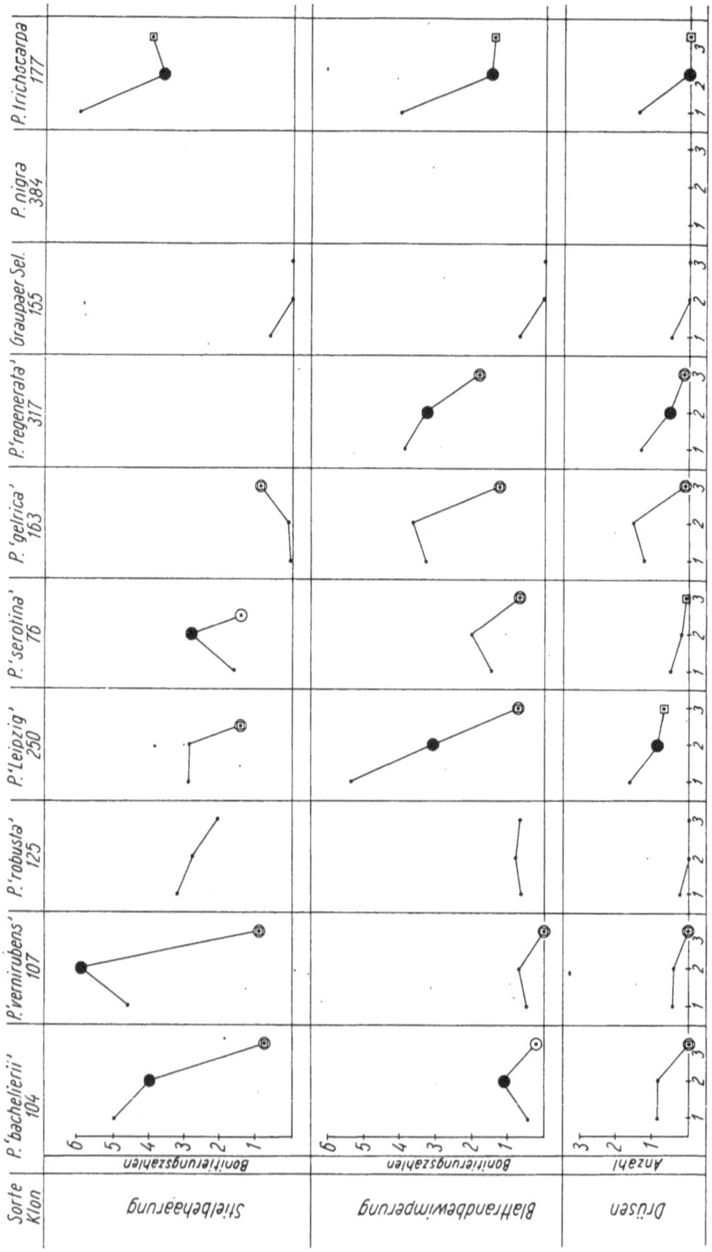

1 = volle Nährlösung
2 = 1/10 Nährlsg. + Ca pH 4,5
3 = 1/10 Nährlsg. - Ca pH 4,5

● = Differenz zwischen Variante 1 und 2 gesichert
□ = Differenz zwischen Variante 1 und 3 gesichert
○ = Differenz zwischen Variante 2 und 3 gesichert

Abb. 3. Morphologische Merkmale Mittelwerte der Bonitierungszahlen und Sicherungen

$^1/_{10}$ Nährlösung mit Kalk sind dagegen noch deutliche Abstufungen zu erkennen, jedoch nicht abhängig von der Wuchsintensität der verschiedenen Pappeln unter optimalen Bedingungen. Die Reaktion auf ungünstigere Ernährungsbedingungen ist also bei den einzelnen Prüfklonen unterschiedlich.

Ergänzt man diese Ergebnisse durch verschiedene Blattmerkmale, die für die einzelnen Varianten in Form von Bonitierungszahlen wiedergegeben sind (s. Abb. 3), so zeigt sich, daß sie in Abhängigkeit von der Nährlösung variiert werden. Den in die Bewertung aufgenommenen Merkmalen kommt im einzelnen bei der Bestimmung von Pappeln nur untergeordnete Bedeutung zu, da sie meist nur im Zusammenhang mit anderen Kennzeichen sortentypisch sind und darüber hinaus, wie bereits erwähnt, einer natürlichen Streuung unterliegen. Dennoch lassen sich bei den unter konstanten Verhältnissen gehaltenen Varianten mit voller Nährlösung deutliche Unterschiede zwischen den einzelnen Klonen erkennen.

Mit Verschlechterung der Ernährungsbedingungen und Fehlen von Kalk erfolgt, bis auf eine Ausnahme (Stielbehaarung bei *Pop.* 'gelrica'), bei allen Klonen eine Rückbildung der einzelnen Merkmal, bis zum teilweise völligen Wegfall. *Populus nigra*, die morphologisch durch Fehlen jeglicher Blattbehaarung und -drüsen gekennzeichnet ist, zeigt auch unter den Bedingungen der drei Versuchsvarianten keine Veränderungen.

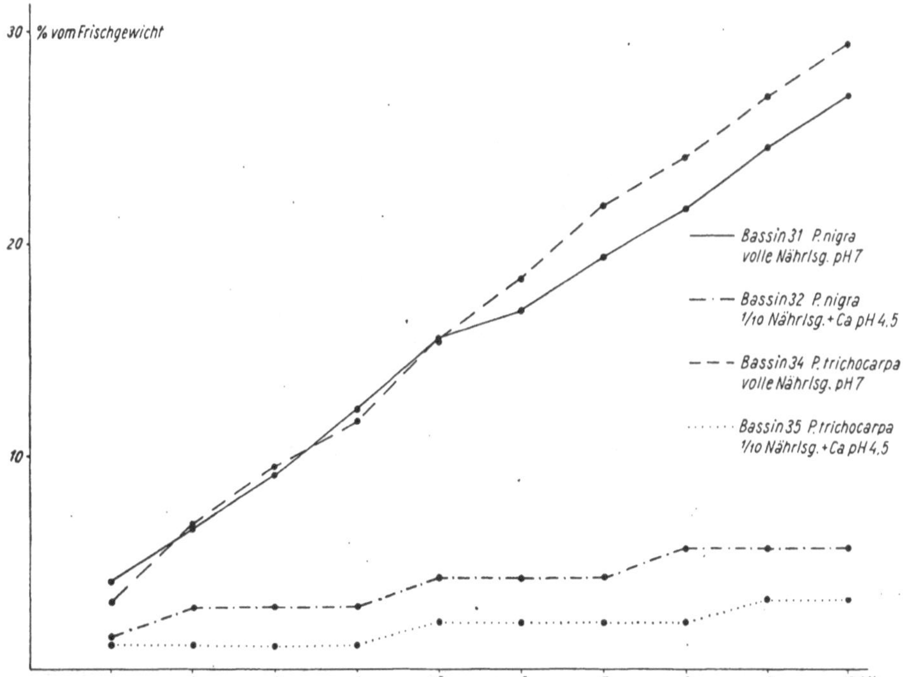

Abb. 4. Blatttranspiration (6. 8. 1958)

Blattaderung

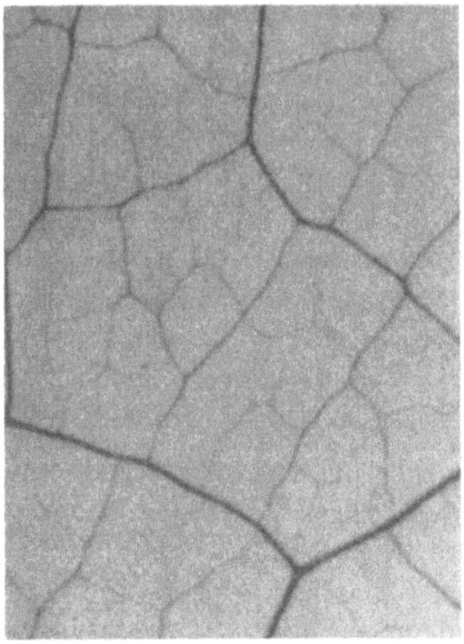

volle Nährlösung pH 7

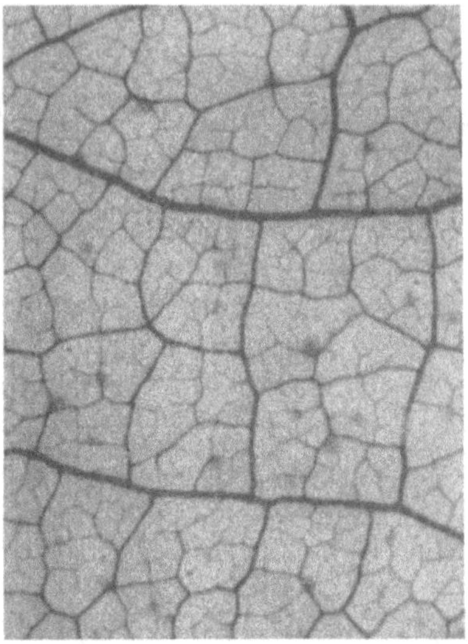

1/10 der Nährlösungskonzentration, pH 4,5

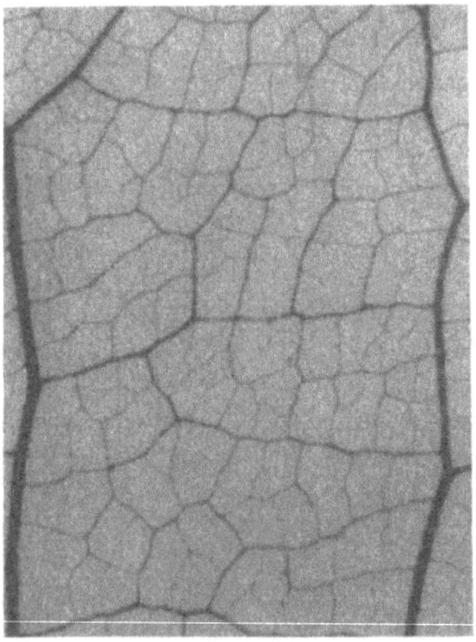

1/10 der Nährlösungskonzentration,
ohne Kalk, pH 4,5

Sorte: *Pop. euram. cv.* 'gelrica'

Maßstab: |———| 1 mm

Abb. 5. Blätter nach Aufhellung durch Milchsäure mit ammoniakalischer Fuchsinlösung gefärbt und in abs. Alkohol differenziert (siehe Literaturangabe (3)).

Aufnahmen: I. Wolf, Graupa

Bei $^1/_{10}$ der Nährlösungskonzentration mit Kalk treten bei einigen Klonen diese Merkmale etwas stärker in Erscheinung. Bis auf die Klone 155, 177 und 384 findet unter diesen Verhältnissen auch die stärkste Anthocyanausbildung im Bereich des Stieles und der Stielansatzstelle statt, am deutlichsten ausgeprägt bei *Pop.* 'serotina', die auch unter Freilandverhältnissen meist intensiv rot gefärbte Blattstiele und dunkles Laub zeigt.

Da nach POLSTER (1957) eine Klassifizierung von Pappelklonen hinsichtlich ihrer Transpirationsintensität möglich ist, wurde versucht, einzelne unter Klone Gewächshausbedingungen auf dieses Verhalten hin zu testen. Die in Abb. 4 wiedergegebenen Beispiele machen in Übereinstimmung mit gleichen, 1957 angestellten Untersuchungen (2) deutlich, daß beste Wuchsleistungen mit stärkster Transpiration verknüpft sind. Unter den Bedingungen des Nährstoffmangels sinkt die transpiratorische Leistung auf ein Minimum herab, auch wenn sich noch geringe Intensitätsunterschiede zwischen den Klonen bemerkbar machen.

Wie aus Abb. 5 hervorgeht, läßt sich am Beispiel von *Pop.* 'gelrica' demonstrieren, daß im Gegensatz zur vollen Nährlösung bei $^1/_{10}$ der Konzentration mit und ohne Kalk die Zwischenaderbereiche bei den Blättern sehr klein werden und die Anzahl der freien Gefäßenden stark zunimmt. Diese Erscheinung trat bei allen Klonen auf und war in gleicher Weise 1957 an *Pop.* 'robusta' beobachtet worden, worauf schon eingangs hingewiesen wurde.

Desgleichen konnte bei allen Klonen der Sektion Aigeiros mit Verschlechterung der Mineralstoffversorgung und pH 4,5 im Mittel eine Zunahme der Spaltöffnungszahlen pro mm^2 auf der Blattunterseite beobachtet werden. Die zur Sektion Tacamahaca gehörende *Pop. trichocarpa* verhielt sich entgegengesetzt, die höchste Spaltöffnungszahl war hier bei voller Nährlösung und pH 7 zu finden. Es wäre zu prüfen, ob bei anderen Vertretern dieser Sektion die gleiche Tendenz besteht.

ZUSAMMENFASSUNG

An Hand von Nährlösungsversuchen mit unterschiedlichen Nährstoffkonzentrationen und Aziditätsgraden konnte gezeigt werden:

1. Eine Anwendung der von SAUER herausgegebenen Bestimmungstabelle für Schwarzpappelhybriden ist außer im Freiland auch unter den reproduzierbaren Bedingungen eines Nährlösungsversuches in verhältnismäßig kurzer Zeit möglich.
2. Durch herabgesetzte Nährstoffkonzentrationen und für die Pappel ungünstige pH-Werte wurden Morphosen einiger Merkmale ausgelöst, die als Chemomorphosen zu bezeichnen sind. Auf Grund der gewonnenen Ergebnisse müßte es möglich sein, die so hervorgerufenen sortentypischen Abänderungen als weiteres Hilfsmittel für die Sortenbestimmung heranzuziehen.
3. Der durch die Anzucht der Pappelpflanzen unter der Einwirkung von Nährstoffmangel und einem pH-Wert von 4,5 auftretende Leistungsabfall ist bei den einzelnen Sorten verschieden. Es ist zu erwägen, ob sich dieses Verfahren als Frühtest für das Jugendwachstum verwenden läßt.

РЕЗЮМЕ

На опытах с питательными растворами, обладавшими различной концентрацией питательных веществ и различными степенями кислотности было показано что

1. применение опрcделительной таблицы Зауера в отношении гибридов черного тополя, кроме на открытом грунте, возможно также и в сравноительно короъкий срок в воспроизводимых условиях опыта с питательными растворами,
2. использованием ослабленных концентраций питательных веществ и неблагоприятных для тополя показателей pH были вызваны морфозы некоторых признаков, обозначаемых хемоморфозами. На основе полученных результатов, повидимонму, дана возможность привлечь вызванные таким образом типичные сортам измененоия в качестве дополнительного средсрва определения сортов,
3. снижение урожайности, обусловленное выращиванием тополевых растений в условиях недостатка питательных веществ и при показателс pH 4,5, различное у отдельных сортов. Возникает вопрос, можно ли использовать упомямнутый метод как ранний тест ювенального произрастания.

SUMMARY

By means of nutrient solution experiments with different nutrient concentrations and different degrees of acidity the following results could be obtained:

1. SAUER's key for black poplar hybrids cannot only be applied in the open but in a comparatively short period also under the reproducible conditions of a nutrient solution experiment.
2. By decreased nutrient concentrations and for the poplar unfavourable pH-values some characteristics showed morphoses which are to be referred to as chemomorphoses. On account of the results obtained it should be possible to use the thus produced characteristic variations as a further means for the varietal determination.
3. The decline in performance occurring by raising poplar plants under the influence of deficient nutrients and a pH-value of 4,5 differs in the individual varieties. It should be taken into consideration whether this method can be used as an early test for the juvenile growth.

LITERATURVERZEICHNIS

[1] CZAPEK, F. (1922): Biochemie der Pflanzen. 3. Aufl., 1. Bd., Jena 1922: Verlag G. Fischer.

[2] FRITZSCHE, K. und CH. KEMMER (1958): Über den Einfluß von Kalk auf Wachstum und Entwicklung von Pappelstecklingen unter besonderer Berücksichtigung des pH-Wertes. Wiss. Abhandlungen der DAL zu Berlin, Beitrag zúr Pappelforschung, Mitt. a. d. Arbeit des Pappelforschungskollektivs (im Druck).

[3] GESSNER, F. (1956): Der Wasserhaushalt der Hydrophyten und Helophyten. Handbuch der Pflanzenphysiologie von RUHLAND, Bd. III Springer-Verlag 1956.

[4] MARCET, E. (1953): Zum ökologischen Verhalten verschiedener Pappelsorten. Allgem. Forstzeitschrift 8, Nr. 18/19, 226—229.
[5] MÜLLER, R. (1957a): Grundlagen des Sortenbegriffs. Holz-Zentralblatt Nr. 45, 611—613.
[6] MÜLLER, R. (1957b): Eigenschaften der Altstammsorten. Holz-Zentralblatt Nr. 73/74, 939—43.
[7] MÜLLER, R. SAUER, E. (1958): Die einzelnen Pappelsorten. Holz-Zentralblatt Nr. 19. 283—285.
[8] POLSTER, H. (1957): Transpirationsintensität und Wasserbedarf von Pappelklonen. Beitr. zur Pappelforschung, Wissensch. Abhandlungen der DAL — Berlin Nr. 27, Mitt. a. d. Arbeit des Pappelforschungskollektivs II, 1957.
[9] RUGE, U. (1951): Übungen zur Wachstums- und Entwicklungsphysiologie der Pflanze. 3. Aufl. Pflanzenphys. Praktika, Bd. IV. Springer-Verlag 1951.
[10] SAUER, E. (1958): Bestimmungstabelle für die Baumschulpflanzen der Altsorten. Holz-Zentralblatt Nr. 89, 1149.
[11] SCHROPP, W. (1951): Methodenbuch Bd. VIII. Der Vegetationsversuch, 1. Die Methodik der Wasserkultur höherer Pflanzen, 132. Radebeul 1951: Neumann-Verlag.
[12] ULLRICH, J. (1953a): Die ernährungsbedingte Variabilität im Bereich von Blüte und Infloreszens. Ber. d. Dtsch. Bot. Ges. 1953, **66**, 5—18.
[13] ULLRICH, J. (1953b): Variationsstatistische Untersuchungen an Blättern. Ber. d. Dtsch. Bot. Ges. 1953, **66**, 322—32.
[14] WALTER, H. (1945): Grundlagen des Pflanzenlebens und ihre Bedeutung für den Menschen. 3. Aufl. Stuttgart 1945: Verlag E. Ulmer.

Beobachtungen über die Schattenerträglichkeit verschiedener Pappelsorten

H. GÜNTHER †

Institut für Forstwissenschaften Tharandt, Zweigstelle Graupa der Deutschen Akademie der Landwirtschaftswissenschaften zu Berlin
Abt. für Pappel und forstliche Sonderkulturen

1. EINLEITUNG

Die Pappel ist eine ausgesprochene Lichtholzart. Diese Eigenschaft und ihre Wüchsigkeit führen zur Begründung der Pappel in so weiten Verbänden, wie sie bei keiner anderen Holzart angewendet werden. Inwieweit eine Schattenerträglichkeit der Pappel vorliegt und sich die einzelnen Pappelsorten hinsichtlich ihres Lichtbedarfs voneinander unterscheiden, ist noch wenig untersucht. Es sind in jüngster Zeit zwei kurze Abhandlungen erschienen, die sich mit der Frage der Schattenerträgnis von Pappeln befassen. KNAPP (2) beschreibt die Schattenwirkung eines Parkes auf einen benachbarten jungen Pappelbestand von *P. eur.* cv. 'robusta' und der 'Eckhof'-Pappel. Obgleich die 'Robusta' in unmittelbarer Nachbarschaft des Parkes aufwächst, zeigt sie weniger fototropische Reaktion als die bedeutend weiter entfernt stehende 'Eckhof'-Pappel, die selbst in einer Entfernung von 35 m vom Bestandesrand noch eine deutliche Reaktion auf die Beschattung erkennen läßt. Es zeigt sich also ein unterschiedliches Verhalten dieser beiden Schwarzpappelhybriden auf die Beschattung.
SEBALD (3) stellt fest, daß es Balsampappeln (*P. trichocarpa* und Rochester) gibt mit größerer Schattenerträgnis als die bekannten Gebrauchspappeln aus der Sektion *Aigeiros*. Auch JOACHIM (1) hat gefunden, daß *P. trichocarpa* schattenfester ist als beispielsweise *P. euram.* cv. 'marilandica'. Daß die 'Marilandica' die Pappelsorte ist, die am stärksten auf Lichteinflüsse reagiert und in Bestandeslücken, die an ihren Standort angrenzen, hineinzuwachsen versucht, ist eine viel beobachtete praktische Erfahrung.

2. ZWECK DES VERSUCHES

Die noch ungeklärte Frage über die unterschiedlichen Lichtansprüche verschiedener Pappelsorten veranlaßte den Verfasser, in Graupa einen Tastversuch anzulegen, der das Problem der Schattenfestigkeit von Pappeln einer Lösung näherbringen sollte.

2.1 Versuchsanlage

Dem Pappelgarten am ehemaligen Jagdschloß in Graupa ist nach Südwesten ein parkähnlicher 0,65 ha großer Laubholzbestand vorgelagert, der eine Länge von 140 m und eine Tiefe von ca. 40 m besitzt. Dieser Bestand setzt sich aus etwa 4—500jährigen Eichen und 80jährigen Buchen zusammen. Der Rand nach Nordosten ist mit unter- und zwischenständigen Buchen, Hainbuchen und anderen Laubhölzern bestockt. Dieser Waldbestand beschattet den Südwestrand des angrenzenden Pappelgartens von vormittags bis in die Abendstunden. Nach Sonnenaufgang bis in die Spätvormittagsstunden ist der gesamte Pappelgarten der vollen Lichteinwirkung ausgesetzt. Erst dann tritt eine Schattenwirkung ein, die je nach der Jahreszeit und dem damit bedingten Stand der Sonne mehr oder weniger intensiv ist.

Der Südwestrand des Pappelgartens bot sich daher zur Anlage eines Tastversuches an, der die Schattenverträglichkeit verschiedener Pappelsorten zum Gegenstand haben sollte. Es wurde im Abstand von 8 m von der 1. Baumreihe des Bestandes eine Pappelreihe längs des Bestandesrandes gepflanzt, und zwar wurden 12 verschiedene Sorten paarweise nebeneinander gesetzt. Eine Pappelsorte (*P.* × *eur.* cv. 'brabantica') kommt dreimal, eine Pappelsorte ('Robusta') kommt zweimal vor. Diese Wiederholung der beiden Sorten erklärt sich daraus, daß sich erst während der Versuchsdauer die Sortenzugehörigkeit der geprüften Klone bestimmen ließ. Der Abstand von Pflanze zu Pflanze beträgt 4,0 m (s. Abb. 1). Es kamen 2jährige Heister von bester Beschaffenheit zur Verwendung, die ordnungsgemäß ausgepflanzt und während der Versuchsdauer durch laufendes Hacken von Baumscheiben gepflegt wurden.

Der Boden besteht aus einem nährstoffhaltigen diluvialen Sand der Lausitzer Schotterterrasse und ist für den Anbau der Pappel bestens geeignet. Die Grundwasserführung ist sehr günstig. Da der Pappelgarten und der angrenzende parkähnliche Waldbestand von einer massiven Mauer umgeben sind, werden etwaige, die Wuchsrichtung beeinflussende Winde vom Versuch abgehalten.
Ausgepflanzt wurden die Sorten *Populus* × *euram.* cv. 'robusta', 'Leipzig', 'brabantica', 'Graupaer Selektion', 'Sacrau 79', 'marilandica', 'serotina', 'regenerata', 'Bachelieri', *Populus deltoides* ssp. *missouriensis*, *P. trichocarpa* und *P.* × *berolinensis.*

2.2 Beobachtung

Zunächst wurden die Dimensionen (Brusthöhendurchmesser und Höhe) der 2jähr. Pappeln nach dem Auspflanzen festgehalten. Diese Feststellungen sind während des gesamten Beobachtungszeitraumes, der sich auf die Jahre 1956 bis 1959 erstreckt, zur Zeit der Vegetationsruhe jährlich wiederholt worden.
Weiterhin erfolgten in den Monaten Juni, Juli und August 1957 an je einem sonnenhellen, unbewölkten Tag mit intensiver Sonnenstrahlung Messungen der Lichtstärke um 9, 13 und 17 Uhr sowohl auf dem unbeschatteten Teil des Pappelgartens, also im Freiland, als auch in der zum größten Teil des Tages beschatteten

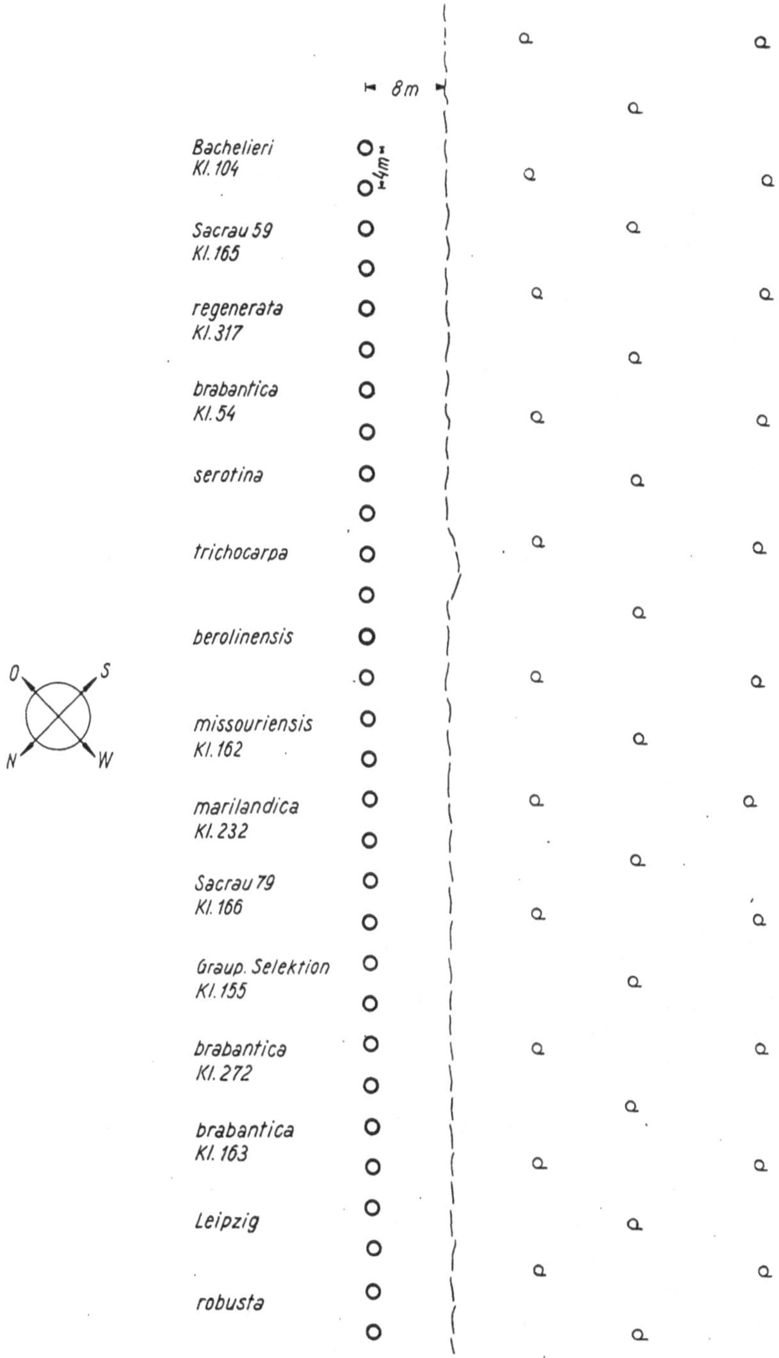

Abb. 1 Skizze der Versuchsanlage

Baumreihe der Versuchspflanzung mit einem Luxmeter. Es zeigte sich, daß längs des Waldrandes die Beschattung nicht gleichmäßig stark war und sich je nach der Dichte des angrenzenden Laubholzbestandes unterschied. Eine Beurteilung der Reaktion der verschiedenen Pappelsorten auf die Beschattung ist nur unter Berücksichtigung der für den Standort der betreffenden Sorte in Frage kommenden Lichtstärke möglich. Während auf der unbeschatteten Freifläche erst gegen Abend eine Verminderung der Lichtstärke und zwar von 46—47000 auf 32000 Lux im Juni erfolgt, schwanken die Werte im Bestandesschatten zwischen 4—5000 Lux mittags, um in den Abendstunden auf 3—4000 Lux zurückzugehen. Nur an einer Stelle, am Standort der *Trichocarpa*, wurden 18000 Lux mittags festgestellt, die abends auf 4000 Lux zurückgingen.

Da die Sonne im Juli und August ihren Höchststand überschritten hat, vermindern sich die in diesen Monaten mit dem Luxmeter gemessenen Werte gegenüber dem Monat Juni. So zeigt das Luxmeter im August auf der Freifläche um 9 Uhr 34000, um 13 Uhr 27000 und um 17 Uhr 10000 Lux an. Die Werte im Bestandesschatten liegen in der Mittagszeit zwischen 3—4000 und um 17 Uhr zwischen 900 und 1500 Lux.

Schwierig gestaltete sich die Feststellung der durch die Beschattung der Pflanzen eingetretenen Abweichungen von der Lotrechten. Zunächst sei festgestellt, daß bei sämtlichen Pappelsorten Fototropismus beobachtet wurde, der aber bei den einzelnen Sorten sehr unterschiedlich war. Für die ersten Jahre der Messungen ist eine Meßlatte verwendet worden, die mit einem verschiebbaren waagerechten Seitenarm mit Zentimetereinteilung versehen war. An dieser Latte ließen sich die Gesamtlänge der Pflanze, der jährliche Höhenzuwachs und an dem Seitenarm die Entfernung der Abweichung des Höhentriebes von der lotrechten Wuchsrichtung feststellen. Die Meßlatte wurde am Wurzelhals der Pflanze angehalten und mit einer Libelle genau lotrecht eingerichtet.

Nachdem nach dreijähriger Versuchsdauer die Pappeln aus dem Meßbereich der Latte herausgewachsen waren, wurde zur Ermittlung der soeben geschilderten Daten ein von dem wissenschaftlich-technischen Mitarbeiter ZÖFFEL der Abteilung für Pappel und forstliche Sonderkulturen konstruiertes optisches Höhenmeßgerät verwendet. Mit Hilfe dieses Gerätes werden die Baumhöhe durch Winkelmessungen ermittelt und durch Fällen der Lotrechten von der Terminalknospe aus einem waagerecht am Wurzelhals angelegten Maßstab die Abweichungen festgestellt.

Um keinen Meßfehler zu begehen, sind die 1958 mit der Meßlatte und dem verschiebbaren Arm festgestellten Ergebnisse im Jahre 1959 mit dem optischen Baumhöhenmesser nachgeprüft worden. Dabei ergab sich, daß die 1959 gefundenen Abweichungen gegenüber der Lotrechten von den 1958 ermittelten Werten durchgängig abwichen, und zwar hatte sich die Abweichung zur Lotrechten im letzten Jahr verringert. Es stand jedoch außer Zweifel, daß im Herbst 1958 die Messungen ordnungsgemäß durchgeführt worden waren. Die Veränderung in der Wuchsrichtung dieses vorletzten Jahrestriebes liegt darin, daß die jungen Pappeln im Jahre 1959 mit ihrem letztjährigen Trieb aus der Beschattung herausgewachsen sind und während eines großen Teiles des Jahres mit ihrem Triebende wieder in den vollen Lichtgenuß gelangten. Dieses Verhalten fand seinen Ausdruck darin, daß sich die Pappeln zu strecken begannen und sich in ihrer Wuchsrichtung wieder der Lotrechten näherten.

Eine weitere, in den ersten Jahren des Versuches gemachte Beobachtung konnte 1959 nicht mehr bestätigt werden. In den Jahren 1957 und 1958 ergab sich, daß der Höhenzuwachs der Pappelpflanzen bei einigen Sorten geringer war als die in cm gemessene Abweichung des jeweils letztjährigen Triebes von der Lotrechten. Daraus ist ersichtlich, daß nicht nur der letzte Jahrestrieb, sondern die gesamte Pflanze fototropisch reagierte. 1959, als die Pappeln aus dem Bereich der Schattenwirkung wieder herausgewachsen sind, hörte diese Erscheinung auf, und der Höhenzuwachs übertrifft die Abweichung von der Lotrechten ganz erheblich. Es wurden 1959 Zuwachsleistungen von nahezu 2 m gemessen.

3. ERGEBNISSE

3.1 Abweichung in der Wuchsrichtung

Um die durchschnittliche schattenbedingte Abweichung der Wuchsrichtung von der Lotrechten für die Auswertung der Untersuchungsergebnisse bildlich darzustellen, wurde für die Jahre 1956, 1957, 1958 die Abweichung in Graden errechnet und für jede einzelne Pappelsorte und -pflanze in einem Koordinatensystem eingezeichnet. Da sich im Jahre 1959 die Schattenwirkung durch das Größerwerden der Pflanzen aufzuheben beginnt, wurde die Durchschnittsabweichung für die Wuchsperiode 1956 bis 1959 als gestrichelte Linie gesondert in das Achsenkreuz eingezeichnet. Es zeigte sich bei jeder Sorte, daß sich diese gestrichelte Linie der Ordinate des Achsenkreuzes zu nähern beginnt (Abb. 2).
Es wurde bereits erwähnt, daß die Beschattung der einzelnen Sorten nicht gleichmäßig stark ist und daß zur Beurteilung der jeweiligen fototropischen Reaktion die am Standort der Pappeln vorhandene Lichtstärke berücksichtigt werden muß. Es ist deshalb in die Darstellung der Versuchsergebnisse für jede Pappelsorte die 1957 an ihrem Standort ermittelte Lux-Zahl mit eingearbeitet worden. Es wurden hierzu die Durchschnittswerte der Luxmessungen für 9, 13 und 17 Uhr der Monate Juni, Juli, August gebildet. Zum Vergleich enthält die Darstellung auch die entsprechenden Werte der Freifläche.

In Abb. 3 sind die Sorten nach der Größe ihrer Abweichung geordnet. Es zeigen sich zwischen 'Leipzig' als der schattenfestesten Pappel und der 'Marilandica' als der am schattenempfindlichsten Pappelsorte alle Übergänge. An zweiter Stelle steht Sacrau 59, die als 'Robusta'-Pappel identifiziert wurde. Ihre durchschnittliche Abweichung von der Lotrechten, die 22 Grad beträgt, deckt sich ziemlich mit der von 'Robusta'/Naunhof, die an vierter Stelle steht und 25 Grad Abweichung aufweist. In der Darstellung benachbart sind auch Klon 54, eine *P.* 'brabantica' mit 30 Grad, Klon 272, eine *P.* 'brabantica' mit 32 Grad und Klon 163, eine *P.* 'brabantica' mit 33 Grad Abweichung. Stark fototropisch reagieren auch *P. tri-*

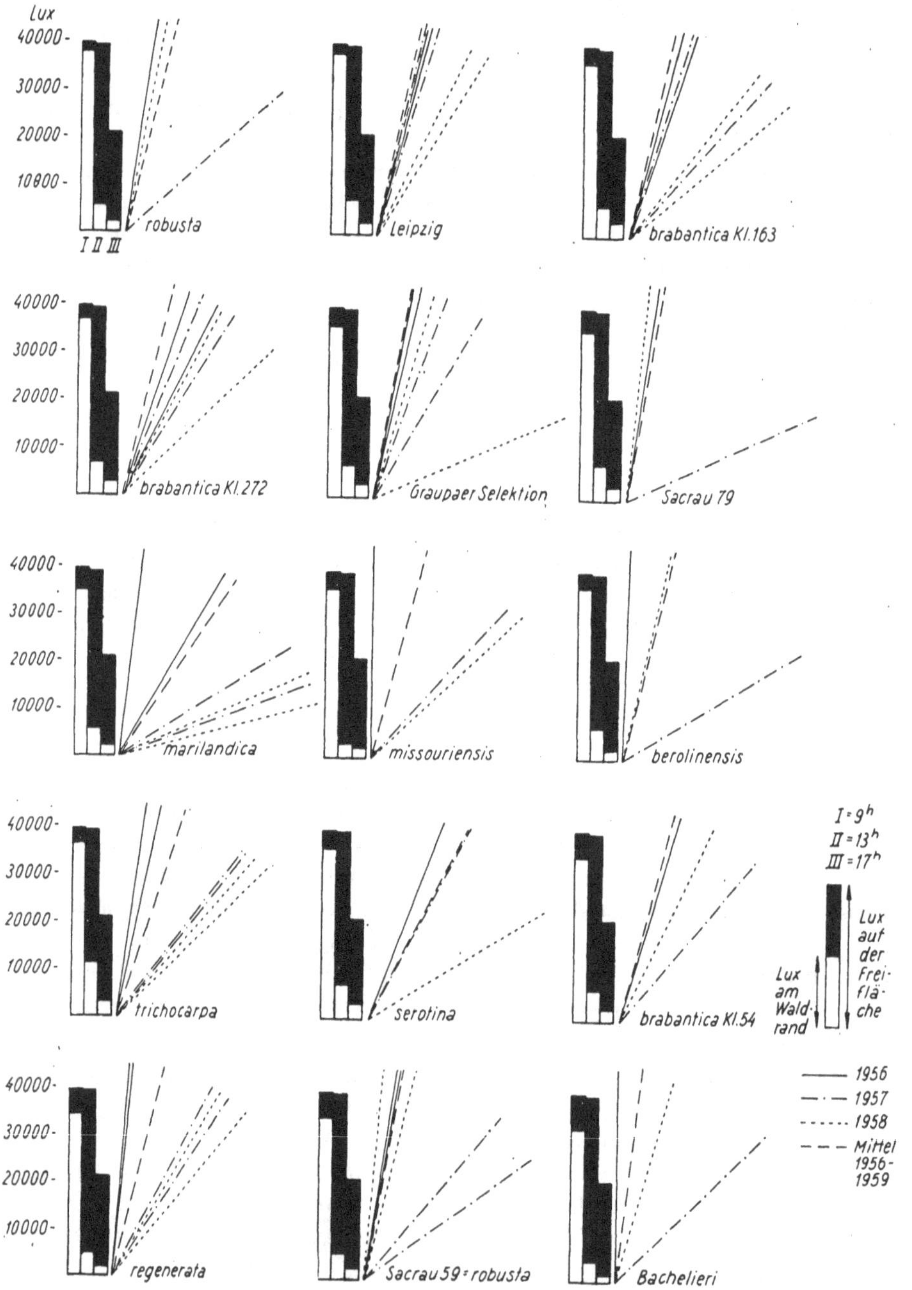
Lux
40000
30000
20000
10000
I II III
robusta
Leipzig
brabantica Kl.163
brabantica Kl.272
Graupaer Selektion
Sacrau 79
marilandica
missouriensis
berolinensis
trichocarpa
serotina
brabantica Kl.54
regenerata
Sacrau 59 = robusta
Bachelieri
I = 9h
II = 13h
III = 17h
Lux auf der Freifläche
Lux am Waldrand
1956
1957
1958
Mittel 1956-1959

Abb. 2

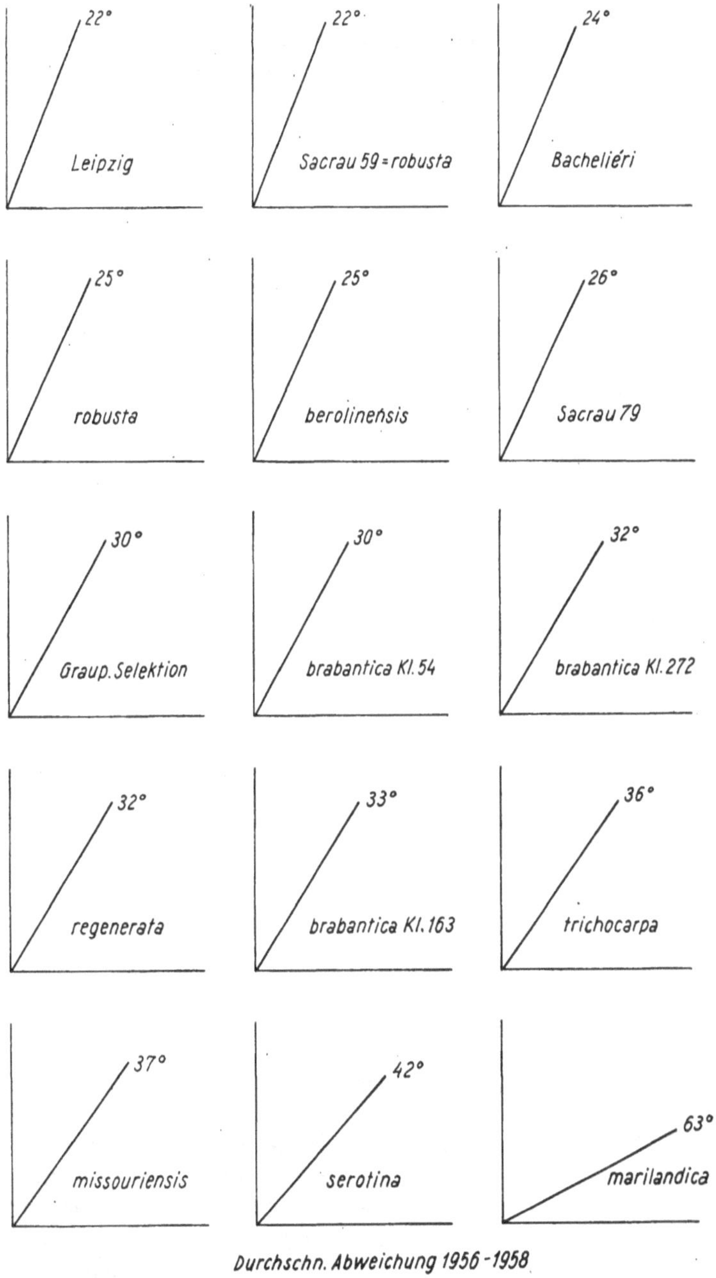
22°
Leipzig
22°
Sacrau 59 = robusta
24°
Bacheliéri
25°
robusta
25°
berolinensis
26°
Sacrau 79
30°
Graup. Selektion
30°
brabantica Kl. 54
32°
brabantica Kl. 272
32°
regenerata
33°
brabantica Kl. 163
36°
trichocarpa
37°
missouriensis
42°
serotina
63°
marilandica
Durchschn. Abweichung 1956-1958

Abb. 3

chocarpa, die, obwohl an ihrem Standort die größte Lichtintensität (11300 Lux mittags) gemessen wurde, an viertletzter Stelle steht, sowie *P. deltoides s. sp. missouriensis* und *P.* 'serotina'. Die starke Lichtabwendigkeit von *P.* 'marilandica' ist bekannt und wird durch den Versuchsanbau erneut bestätigt.

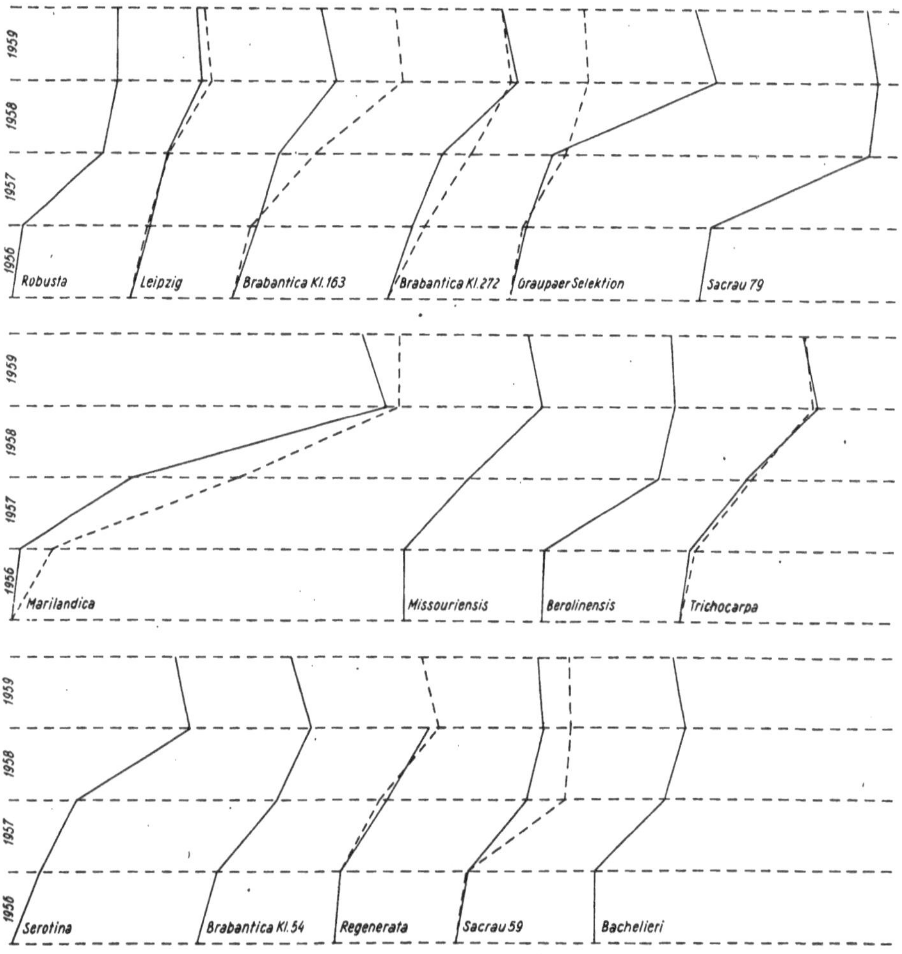

Abb. 4

Zur besseren Veranschaulichung des Fototropismus der im Versuch verwendeten Pappelsorten wurde noch eine weitere Darstellung gewählt, die in Abb. 4 beigefügt ist. Auf die Ordinate wurden die Beobachtungsjahre in gleichen Abständen aufgetragen und im Koordinatensystem durch parallele Linien gekennzeichnet. In die so entstandenen parallelen Streifen ist für jedes Jahr die Abweichung des entsprechenden Jahrestriebes von der Lotrechten ohne Rücksichtnahme auf den absoluten Längenzuwachs eingezeichnet worden. Da von jeder Sorte zumeist

Abb. 5

Abb. 6

Abb. 7

Abb. 8

2 Pappeln im Versuch vorhanden sind, wurde die Darstellung für jede der beiden Pflanzen getrennt vorgenommen (die Abweichung der ersten Pflanze wurde als ausgezogene, die der zweiten Pflanze als gestrichelte Linie dargestellt). Bei dieser Art der Darstellung kommt die sortenbedingte unterschiedliche Reaktion auf die Beschattung besonders zum Ausdruck. Der im Jahre 1959 nunmehr einsetzende Lichteinfluß geht aus der gewählten Form der Darstellung deutlich hervor.
Abb. 5 vermittelt einen Eindruck von der gesamten Versuchsanlage. Abb. 6 zeigt das starke fototropische Wachstum der *P.* 'marilandica'. Eine relativ schattenfeste Pappel scheint *P. berolinensis* zu sein, ihre durchschnittliche Abweichung von der Lotrechten beträgt 25 Grad bei 7000 Lux. Sie ist auf Abb. 7 dargestellt. *P. trichocarpa*, s. Abb. 8, weist eine Abweichung von 36 Grad bei 11300 Lux auf. Berechnet man für sämtliche Pappelpflanzen die Abweichung von der Lotrechten in der Weise, daß man den Durchschnitt von 1956, 1956 + 1957, 1956—1958 und 1956—1959 bildet, so zeigt sich, daß die Werte der *P.* 'brabantica' dem Durchschnitt der geprüften Sorten für den Zeitraum 1956—1959 entsprechen (s. Tab. 1). Aus der Zusammenstellung geht aber auch hervor, daß *P.* 'marilandica' in sämtlichen Jahren die größte Abweichung außer dem Jahre 1956 zeigt.

Tabelle 1

Über die Abweichungen in Grad nach Beobachtungsjahren zusammengefaßt und im Mittel ausgedrückt.

	1956	1956—1957	1956—1958	1956—1959
Robusta	9	35	25	14
Leipzig	15	15	22	12
Brabantica, Klon 163	17	26	33	13
Brabantica, Klon 272	24	26	32	14
Graupaer Selektion	12	22	30	11
Sacrau 79	9	46	26	10
Marilandica	19	50	63	34
Missouriensis	0	27	37	15
Berolinensis	2	42	25	14
Trichocarpa	10	26	36	19
Serotina	46	27	42	29
Brabantica, Klon 54	17	35	30	15
Regenerata	5	26	32	14
Sacrau 59 (Robusta)	10	37	22	10
Bachelieri	8	37	24	7
Durchschnitt	13,5	31,8	31,9	15,4

3.2 Wuchsleistungen

Der jährliche durch die Abweichung von der Lotrechten verkürzte Höhenzuwachs und — ab 1957 — der Dickenzuwachs der Pappeln sind in nachstehender Tab. 2 nach den Sorten und den Beobachtungsjahren getrennt einzeln dargestellt. Weiterhin wurden der durchschnittliche verkürzte Längenzuwachs und der Dickenzuwachs während des gesamten Beobachtungszeitraumes ermittelt und in Tab. 3 festgehalten.

Tabelle 2

Jährlicher Höhenzuwachs 1956—1959
Dickenzuwachs 1957—1959

Sorte	Jahr	1. Pflanze				2. Pflanze			
		Zuwachs cm	Abweichung cm	Grad	Ø mm	Zuwachs cm	Abweichung cm	Grad	Ø mm
Robusta	1956	33	5	9		—	—	—	
	1957	40	47	50	20	—	—	—	21
	1958	78	16	11	35	—	—	—	32
	1959	128	— 1	0	45	140	—12	— 5	42
		Durchschnitt							
	1956	33	5	9					
	1957	40	47	50	20,5				
	1958	78	16	11	33,5				
	1959	134	— 7	— 3	43,5				
Leipzig	1956	59	16	15		60	15	14	
	1957	101	26	14	23	90	28	17	24
	1958	104	54	27	37	111	70	32	40
	1959	171	—18	— 6	61	157	—19	— 7	63
		Durchschnitt							
	1956	60	16	15					
	1957	96	27	16	23,5				
	1958	108	62	30	38,5				
	1959	164	—19	— 7	62				
Brabantica Klon 163	1956	58	20	19		39	10	15	
	1957	68	22	18	23	55	51	43	24
	1958	108	87	39	38	35	43	51	31
	1959	201	—46	—13	60	181	—22	— 7	48
		Durchschnitt							
	1956	49	15	17					
	1957	62	37	32	23,5				
	1958	72	65	45	34,5				
	1959	191	—34	—10	54				
Brabantica Klon 272	1956	38	13	19		30	16	28	
	1957	69	29	23	25	56	36	33	26
	1958	71	77	47	36	119	67	29	40
	1959	165	—39	—13	54	137	—20	— 8	62
		Durchschnitt							
	1956	34	15	24					
	1957	63	33	28	25,5				
	1958	95	72	38	38				
	1959	151	—30	—11	58				
Graupaer Selektion	1956	35	8	13		27	5	11	
	1957	51	20	21	18	63	39	32	21
	1958	33	77	67	26	123	38	17	39
	1959	139	—46	—18	41	171	—12	— 4	59

Tabelle 2 (Fortsetzung)

Sorte	Jahr	1. Pflanze Zuwachs cm	1. Pflanze Abweichung cm	1. Pflanze Grad	1. Pflanze Ø mm	2. Pflanze Zuwachs cm	2. Pflanze Abweichung cm	2. Pflanze Grad	2. Pflanze Ø mm
		Durchschnitt							
	1956	31	7	12					
	1957	57	30	27	19,5				
	1958	78	58	42	32,5				
	1959	155	—29	—11	50				
Sacrau 79	1956	—	—	—		52	8	9	
	1957	—	—	—	28	37	84	66	27
	1958	—	—	—	48	131	15	6	51
	1959	—	—	—	76	199	—34	—10	73
		Durchschnitt							
	1956	52	8	9					
	1957	57	84	66	27,5				
	1958	131	15	6	49,5				
	1959	199	—34	—10	74,5				
Marilandica	1956	19	2	7		21	12	31	
	1957	22	36	59	21	16	44	70	19
	1958	27	104	75	31	33	80	67	31
	1959	117	—42	—20	44	98	0	0	45
		Durchschnitt							
	1956	20	7	19					
	1957	19	40	65	20				
	1958	30	92	71	31				
	1959	108	—21	—10	44,5				
Missourien-sis	1956	—	—	—		29	0	0	
	1957	—	—	—	18	37	34	43	19
	1958	—	—	—	21	43	46	47	25
	1959	54	—36	—34	25	101	—24	—13	34
		Durchschnitt							
	1956	29	0	0					
	1957	37	34	43	18,5				
	1958	43	46	47	23				
	1959	78	—30	—24	29,5				
Berolinensis	1956	—	—	—		35	1	2	
	1957	—	—	—	23	39	66	59	22
	1958	—	—	—	39	130	30	13	39
	1959	163	—14	— 5	52	172	—11	— 4	51
		Durchschnitt							
	1956	35	1	2					
	1957	39	66	59	22,5				
	1958	130	30	13	39				
	1959	168	—13	— 5	51,5				

Tabelle 2 (Fortsetzung)

Sorte	Jahr	1. Pflanze Zuwachs cm	Ab-weichung cm	Grad	Ø mm	2. Pflanze Zuwachs cm	Ab-weichung cm	Grad	Ø mm
Trichocarpa	1956	39	5	8		39	8	12	
	1957	35	28	39	22	37	30	39	22
	1958	70	72	46	38	94	85	42	39
	1959	106	—25	—13	53	124	—17	— 8	51
	Durchschnitt								
	1956	39	7	10					
	1957	36	29	39	22				
	1958	82	79	44	38,5				
	1959	115	—21	—11	52				
Serotina	1956	15	6	22		7	17	70	
	1957	51	28	29	17	—	—	—	13
	1958	30	50	59	20	—	—	—	24
	1959	45	—10	—13	27	99	+20	+11	34
	Durchschnitt								
	1956	11	12	46					
	1957	51	28	29	15				
	1958	30	50	59	22				
	1959	72	5	— 1	30,5				
Brabantica Klon 54	1956	—	—	—		24	7	17	
	1957	—	—	—	13	60	53	41	17
	1958	—	—	—	23	122	60	26	27
	1959	132	—24	—10	39	119	—35	—16	42
	Durchschnitt								
	1956	24	7	17					
	1957	60	53	41	15				
	1958	122	60	26	25				
	1959	126	—30	—13	40,5				
Regenerata	1956	9	1	5		25	2	5	
	1957	47	31	34	17	54	30	29	18
	1958	90	55	31	27	77	66	40	29
	1959	—	—	—	28	128	—31	—14	40
	Durchschnitt								
	1956	17	2	5					
	1957	51	31	32	17,5				
	1958	84	61	36	28				
	1959	128	—31	—14	34				
Sacrau 59 (Robusta)	1956	22	4	10		14	2	9	
	1957	37	32	41	13	22	31	55	10
	1958	74	18	14	24	71	6	5	21
	1959	112	—11	— 5	32	107	— 4	— 2	28

Tabelle 2 (Fortsetzung)

Sorte	Jahr	1. Pflanze Zuwachs cm	Ab-weichung cm	Grad	⌀ mm	2. Pflanze Zuwachs cm	Ab-weichung cm	Grad	⌀ mm
		Durchschnitt							
	1956	18	3	10					
	1957	30	32	48	11,5				
	1958	73	12	10	22,5				
	1959	110	— 8	— 4	30				
Bachelieri	1956	9	0	0		8	2	15	
	1957	24	25	46	8	—	—	—	—
	1958	70	20	16	17	—	—	—	—
	1959	104	—21	—11	25	—	—	—	—
		Durchschnitt							
	1956	9	1	8					
	1957	24	25	46	8				
	1958	70	20	16	17				
	1959	104	—21	—11	25				

Tabelle 3

Pappelpflanzen unter dem Einfluß seitlicher Schattenwirkung 1956
Mittlere Abweichung der Jahre 1956—1959 in Grad

Sorte	Summe des Höhen-zuwachses cm	Einzelpflanzen Ab-weichung cm	Mittel aus den Jahren 1956—1959 Zuwachs cm	Ab-weichung cm	Grad	Brusthöhendurchmesser in mm Summe	Mittel der Jahre 1957—1959
Robusta	279	67	70	17	14	197,5	33
Leipzig	853	172	107	22	12	245,0	41
Brabantica Klon 163	745	165	93	21	13	233,0	39
Brabantica Klon 272	685	179	86	22	14	236,5	39
Graupaer Selektion	642	129	80	16	11	187,0	31
Sacrau 79	419	73	105	18	10	303,5	51
Marilandica	353	236	44	30	34	191,5	32
Missouriensis	210	56	53	14	15	135,0	23
Berolinensis	376	93	94	23	14	227,0	38
Trichocarpa	544	186	68	23	19	225,5	38
Serotina	141	74	35	19	29	131,5	22
Brabantica Klon 54	325	85	81	21	15	155,5	26
Regenerata	284	67	71	17	14	151,5	25
Sacrau 59 (Robusta)	459	78	57	10	10	133,0	22
Bachelieri	207	24	52	6	7	100,0	17

Leider war es aus Platzmangel nicht möglich, eine zweite Versuchsreihe auf der Freifläche auszupflanzen, die keiner Schattenbeeinflussung ausgesetzt war, um mit Hilfe dieser Vergleichspflanzung festzustellen, wie sich die Beschattung auf die Wuchsleistung der Pappeln auswirkt. Aus Tab. 3 geht aber deutlich hervor, daß erhebliche Unterschiede im Zuwachs der verschiedenen Sorten bestehen. Es ist also nicht nur die Wuchsrichtung, die durch die Beschattung beeinflußt wird, sondern auch bis zu einem gewissen Grade die Wuchsleistung. Während *P.* 'serotina' einen Durchschnittshöhenzuwachs von nur 35 cm jährlich hervorbringt, gibt es Sorten, die das Mehrfache dieser Wuchsleistung aufweisen, so z. B. P. 'Leipzig' mit 107 cm. Zwischen diesen beiden Extremen finden sich alle möglichen Zwischenstufen. Da der Standort sehr einheitlich ist, können diese Wuchsverhältnisse nicht auf Bodenunterschiede zurückgeführt werden.
Es hat den Anschein, als ob das durch die Beschattung der Pappel gedämpfte Wachstum dann sofort wieder ausgeglichen wird, wenn die Pappeln wieder ganztägig vollem Licht ausgesetzt sind.
In den Tab. 2 und 3 ist fernerhin die Abweichung der Pflanzen von der Lotrechten im Winkelmaß angegeben.

ZUSAMMENFASSUNG

1. In einem Tastversuch in Graupa werden 12 verschiedene Pappelsorten auf ihre Schattenverträglichkeit hin 4 Jahre lang geprüft. Es zeigen sich erhebliche sortenspezifische Unterschiede. Eine gleichbleibende fototropische Reaktion weist die 'Leipzig' auf, die größte Abweichung zeigt *P. eur.* cv. 'marilandica'. Den Durchschnitt bildet *P. eur.* cv. 'brabantica'.
2. Auch die Wuchsleistung hängt von der unterschiedlichen Schattenerträglichkeit der Pappeln ab. So konnte an der 'Leipzig'-Pappel mit der geringsten Abweichung aus der Lotrechten der größte Längen- und Dickenzuwachs ermittelt werden. Auch das Verhalten der 'Marilandica' bestätigt diese Beobachtung.
3. Das durch die Beschattung zurückgehaltene Wachstum der Pappel wird nach Verminderung der Schattenwirkung durch sofort einsetzendes verstärktes Wachstum wieder auszugleichen versucht.
4. Die wiederholt beobachtete Schattenfestigkeit von *P. trichocarpa* konnte im vorstehenden Versuch nicht bestätigt werden.

РЕЗЮМЕ

1. Регогносцирующим опытом в Граупе в течение четырех лет было испытано 12 различных сортов тополя на теневыносливость. Обнаружены значительные различия свойственные сортам. Устойчивой фототрофной реакцией отличается сорт „Лейпциг„, в то время, как самое большое отклонение отмечается у *P. eur.* cv. 'marilandica'. Среднее положение занимает *P. eur.* cv. 'brabantica'.

2. Показатели роста также зависят от различной теневыносливости тополей. Так можно было у тополя ,,Лейпциг“ определить наибольший прирост в высоту и толщину с наименьшим отклонением от вертикальной. Такое наблюдение потверждается и поведением ,,Marilandica“.
3. Задержанный затенением рост тополя стараются выравнить после уменьшения влияния тени сразу же начинающимся усиленным растом.
4. Повторно отмеченная теневыносливость *P. trichocarpa* настоящим опытом не потвердилюсь.

SUMMARY

1. In a preliminary experiment at Graupa 12 different poplar varieties were examined with regard to their shade endurance for 4 years. Considerable diferences peculiar to the varieties were noticed. The variety ,,Leipzig“ showed a constant phototropical reaction, while *P. eur.* cv. 'marilandica' indicated the greatest deviations. *P. eur.* cv. 'brabantica' took an intermediate place.
2. The growth increment depends also on the different shade endurance. With smalles deviations from the vertical line the ,,Leipzig“ variety showed the greatest increment in length and thickness. The behaviour of the ,,Marilandica“ confirmed this observation.
3. It appears as if the growth delayed by shading is immediately compensated by an increased growth when the poplars are again exposed to light.
4. The repeatedly observed shade-resistance of *P. trichocarpa* could not be confirmed in the experiment in question.

LITERATURVERZEICHNIS

[1] JOACHIM, H.-FR.: Untersuchungen über die Wurzelausbildung der Pappel und die Standortsansprüche von Pappelsorten. Wissensch. Abh. der DAL, Bd. VII. Deutscher Akademie-Verlag.

[2] KNAPP, W.: Erfahrungsbericht aus der Forstlichen Versuchsanstalt Stuttgart, Nr. 4, Lichtwendigkeit verschiedener Pappelsorten. Allgem. Forstzeitschr. 11. Jahrg. (1956) 556.

[3] SEBALD, O.: Über die Lichtansprüche der Pappelsorten. Die Holzzucht. 12. Jahrg. (1958) 13.

FSC
www.fsc.org
MIX
Papier | Fördert gute Waldnutzung
FSC® C083411

Zeitfracht Medien GmbH
Ferdinand-Jühlke-Straße 7
99095 Erfurt, Deutschland
produktsicherheit@kolibri360.de